JN134916

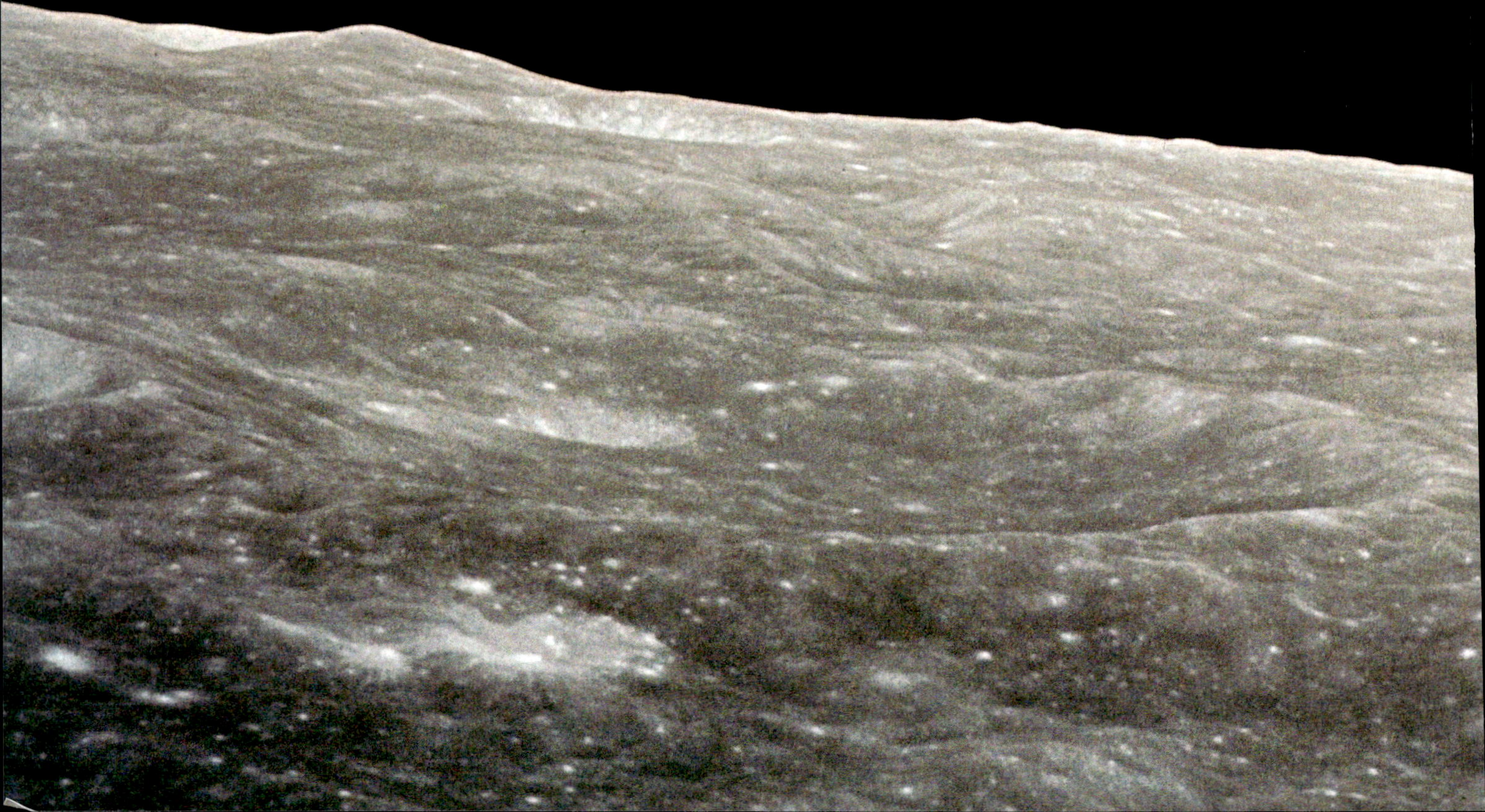

OUR PLANET
私たちの地球

ALASTAIR FOTHERGILL & KEITH SCHOLEY
WITH FRED PEARCE

Foreword by DAVID ATTENBOROUGH

アラステア・フォザギル／キース・スコーリー
執筆協力 フレッド・ピアス　序文 デイヴィッド・アッテンボロー
北川 玲 訳

筑摩書房

本書に寄せて

私たちは、あらゆる動物のなかで最も好奇心が強く、工夫の才がある。50年前、人類は地球以外の世界を知りたいと願うあまり、とてつもないことを成し遂げた。月まで出かけたのだ。あれは人類史上最も驚くべき業績のひとつだった。だが、アポロ計画により撮影された地球の写真は、私たちが自分の世界を新たな目で見るきっかけとなった。それまでは、地球は大きく、資源は限りなくあると思われていた。宇宙から撮った写真を見ると、地球がいかに特別ですばらしいものであるかが今まで以上にわかると同時に、地球の空間も資源も限られていることを思い知らされる。

あれから50年が経つ。私たちの地球に深刻な変化が生じつつあることに疑いの余地はない。私たちは今や、新たな地質時代を迎えている。かつてのように、何百万年もかけて変化していく時代ではない。数千年、数百年でもなく、数十年のうちに――私が生きている間に変化が起きている。

今日の変化は、そのスピードも影響力の大きさも、小惑星が地球に衝突したときに匹敵するほどだが、変化をもたらしたのが私たち人類である点が異なる。わずか40年のうちに野生動物の数は半減し、生物多様性は世界全域で失われつつある。すべては私たちが選んだ生き方に帰因する。地球規模の大惨事だ。

だが、私たちがもたらした問題である以上、解決策も私たちの手中にあるはずだ。本書には、世界のそこかしこで見られる自然の驚くべき回復力を示す事例も、自然を再生する方法も語られている。デジタル時代に生きている私たちは、今はまだ地球上に残っている自然界の輝き、すばらしさ、不思議さを、そして自然の再生をめざすメッセージを世界の隅々にまで届けることができる。

ある程度の広さの土地をいくつか結びつけて保護すれば、野生生物は栄え、私たちも恩恵を得られる。海のホットスポットを保護下に置けば、魚その他の海洋資源が増え、私たちにも利益となる。自然な水循環を復元すれば、河川、湿地、氾濫原で生物が繁殖し、私たちにも利益となる。森林は力強く、回復力がある。自然の手にゆだねたら、それこそ灰の中からでも復活し、さまざまな資源を提供し、地球環境を守る機能も果たすようになる。そして、私たちにも利益となる。

自然界には回復力がある。これは大きな希望だ。テクノロジーも希望を与えてくれる。化石燃料を燃やす必要がなくなり、再生可能な資源からエネルギーを作り、貯え、送る画期的な方法がいずれ見つかるだろう。望む未来を選ぶ時間はまだある。私たちが今すぐ行動を起こせば――そして共に行動すれば。世界的な転換のときが訪れている。かつてないほど多くの人々が問題に気づき、その解決法にも気づいている。だから、何かをやり遂げるという肚のすわった指導者を支援し、そうではない者には圧力をかけることだ。

さらに、行動は地球規模のものとしなければならない。そのチャンスは、世界の国々が一堂に会し、気候変動と生物多様性の喪失に歯止めをかける措置を見直すときだ。そうした会議から、各国の政治経済に変化がもたらされることを期待せずにはいられない。この地球に生きとし生けるものすべての将来は、私たちが今すぐ行動に出ようという気持ちにかかっている。

デイヴィッド・アッテンボロー

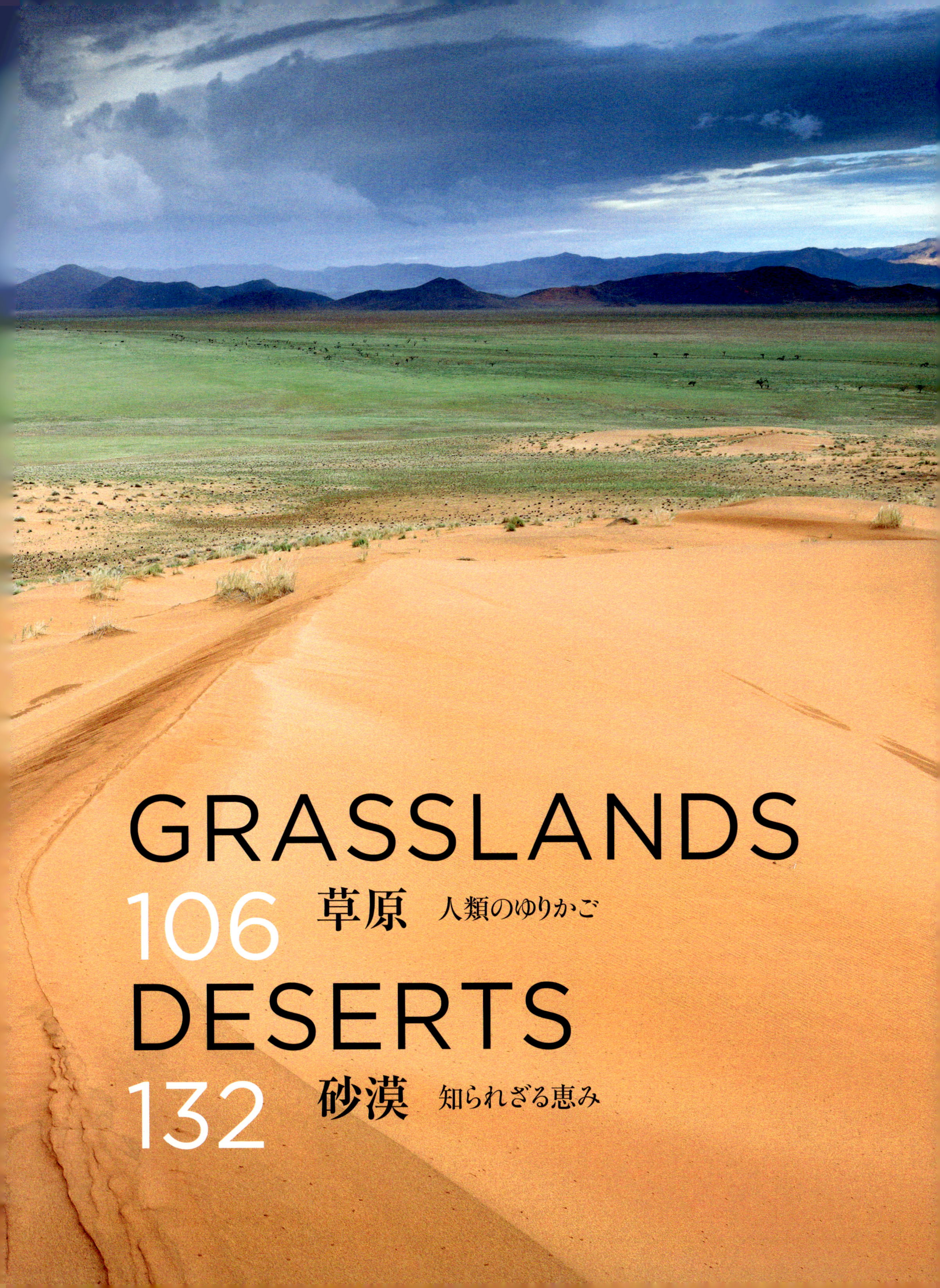

COASTAL SEAS
230 近海 海と陸の狭間で
HIGH SEAS
266 遠洋 地球最後の未開地

THIS IS OUR PLANET
これが私たちの地球だ

悪い知らせがある。プラネット・アースが私たちの地球となってから、人間は我がもの顔にふるまい、野生動物を殺し、地球の生命維持システムを捨て去ろうとしている。だが、悪い知らせばかりではない。我が身の危険に気づけたのなら、私たちには汚名をすすぐチャンスが——この地球に自然を大いに回復させるチャンスがある。まだ間に合う。これは最高の知らせだ。

私たちは今まで良き住人とは言えなかった。冷蔵庫にはろくにものが入っていない。家具は壊れ、配管設備にも問題があり、ときどき水が溢れる。屋根には穴が開いている。誰かがエアコンの温度調節機能にいたずらをした。しかも庭をコンクリートで固めてしまった。状況が目に浮かぶだろう？　もっと大人になろう。我が家に誇りを持ち、家事リストを作って腰を上げようではないか。

この世界が危機的状況にあると やっと気づいた私たち自身も、 転換点を迎えている。

17頁

分割線

ブラジルのアマゾン原生林の隣に作られたプランテーションからユーカリ材をトラックが運び出す。わずか7年で伐採できる交雑ユーカリがブラジルに導入されたのは1990年代だった。気候の偉大な調整役であり、「炭素吸収源」であるアマゾンの森をこれ以上伐採しないよう、代替品としてもたらされたのだが、問題もある。ユーカリの栽培には大量の農薬が必要とされるため、ここには在来種の動物がほとんどいない。

このカオス的な家の状況を、科学者は「人新世」と呼んでいる。70億人を越えるホモ・サピエンスが自然に著しい影響を与え、自然環境を変えるまでに至った時代を指す言葉だ。人間はほとんどの湿地から水を抜き、ほとんどの森林を伐採し、ほとんどの草原を耕し、ほとんどの河川にバリケードを築き、はかりしれないほど数多くの生物種を本来の生息地から移動させ、闇を照らし、氷河を溶かし、海面を上昇させ、ハリケーンを激化させ、季節を変えてきた。

人間は20万年近く自然の力に翻弄されていた。生死を左右するのも、生存方法を決めるのも自然だった。それが今や、自然が生き延びる方法を決めるのは私たちだ、と人間は思いこんでいる。自然とは手なずけ開拓すべき辺境に過ぎず、人は支配者となるべく歩んでいく——そんな権力があると思うのは気分が良い。だが、私たちがもし今の調子で歩み続けていけば、自然は必ず復讐してくる。人間が築き上げた文明は危ういものだ。安定した気候、肥沃な土壌、呼吸に適した空気、必要な時に必要な場所で飲める水にいまだに依存しきっているのだから。でも、私たちはこうした自然の恵みを捨てようと躍起になっているように思われる。科学技術は地球の生命維持システムに取って代わることができない。私たちの地球は私たちの家だ。もろいのは自然ではなく私たちなのだ。

それでも希望はある。私たちは自然のシステムが転換点を迎えることの恐ろしさを理解している——自然の生態系を機能させるさまざまな関係が崩れ、地球がいつ私たちにはほぼ手に負えない状態になってもおかしくない時点を。だが、この世界が危機的状況にあるとやっと気づいた私たち自身も、転換点を迎えている。

21世紀が始まって間もない現在、私たちは地球史上、そして人類史上、前例のない時代を生きている。たしかに人間は自然をさんざんに痛めつけてきたが、私たちは今、自分が何をしているのか気づいている。時間の猶予はわずかしかないが、手を打つチャンスはある。我が家を焼失しないうちに、家をしっかり守るチャンスがあるのだ。

今世紀末までに、世界人口はあと30億人増えるかもしれない。だからこそ、やるべきことは明らかだ。100億人かそれ以上の人々が生きるために不可欠なものをまかなうために、気候を安全な範囲内にとどめ、自然が回復して栄えるよう、十分な空間を与えることだ。

実現不可能な課題ではない。人間は自分のことしか考えない快楽主義者になることもあるが、協力し、明日のことを考え、未来の世代の幸せに思いを馳せる能力も持ち合わせている。この点で他の生物種とは一線を画すと言えよう。しかも、

上
サンクチュアリへの道
ブータン中部の山林に仕掛けた自動撮影カメラで撮影されたオスのベンガルトラ。この森林回廊は保護区を結ぶ重要な役割を果たしている、というWWFの考えを裏付ける写真だ。ブータンには現在100頭以上のトラが確認されており、このトラもこの写真によって確認済みの個体の仲間入りをした。WWFはトラの保護区同士を結ぶこの回廊の保護計画も実施し、トラの個体数増加に貢献している。

人間は利他的ですらある、と敢えてつけ加えたい。悪いことをする能力にも抜きん出ているが、自分の行動をよくよく考え、変えていける能力も比類ないものだ。

本書で描かれているのは、危機的状況にある地球の姿だが、復元可能な地球の姿でもある。破壊されても回復し、機能を果たし続けていく自然の能力には驚かされる。極地は地球全体の気候を安定させ、砂漠は森林や海に栄養を与え、密林や山々は雨を作り草原に降らせる。だが、自然の適応力には限度があることも本書で示される。地球上には、じつにさまざまな生き物が互いに関わりつつ生きているのだが、それは弱点にもなりうる。種と種をつなぐ鎖の目がひとつ切れたら、すべてが崩壊するからだ。

したがって、本書は壮大な生態系の復元を求める最後の呼びかけでもある。自然の再生を促すよう、今日から行動に出よう。このような呼びかけをするのは、今ならまだ間に合うとわれわれは信じているからだ——自然の再生は実現可能であり、人類にとっても死活問題だと信じている。

自然が復活した地球は、心を入れ替え自然の守り手となった私たちに、よりよい暮らしを届けてくれるだろう。エコノミストの言う「自然資本」が回復し、海でも大地でも豊かな収穫物が得られ、空気はおいしく、気候は安定して予測可能となっている——そんな可能性を秘めているのだ。

資産が目減りし、在庫が尽き、銀行口座も空っぽな会社には未来がない。それと同じだ。未来を求めるのなら、私たちの地球に対し、そんな経営を続けるわけにはいかない。もう、これ以上は無理だ。以下の各章では、地球上のさまざまな生物学的領域を巡り、いかに自然が人の手によって甚だしく破壊されたかを語っていく。破壊の過程で、地球の生命維持システムを作り上げている数々の自然のサイクルが壊されたことも語ろう。

縮小の一途をたどる熱帯の密林から、何も存在しない遠洋へ。氷冠が溶けつつある極地から、乾燥して砂漠化しつつある草原へ。もはや水が自由に流れていない川から、魚群が消え白化したサンゴだけが残る不気味なサンゴ礁へ。われわれは『Our Planet』制作チームの足跡をたどりつつ世界を巡る。

破壊の規模は過去の大量絶滅に匹敵し、今はまるで小惑星の衝突により恐竜が絶滅したときのようだ。みなさんは失われたものに涙するだろう。だが、残されたものの多さに、そしてたえず再生し、適応し、進化してゆく自然の能力に驚きもするだろう。チャンスさえ与えられたら、森林は再生し、土壌は改良され、川は再び流れを取り戻し、今は砂漠となっている土地に草原が栄え、水産資源は回復し、絶滅危惧種は巨大なクジラから小さな昆虫に至るまで再び増えていけるのだ。

自然にそのチャンスを与える方法を、すでに好転しつつある事例も含めてお伝えする。地球温暖化を解決し、資源をリサイクルし、自然のままの姿を守る方法はわかっている。再自然化はまさかと思うような状況でも可能であり、現に成功例もある。たとえば、チェルノブイリの石棺周辺の立入禁止区域には、オオカミ、ヤマネコ、クマが戻ってきているのだ。土地は放射線に汚染されているだろうが、人がいなくなったために自然が復活し、ヨーロッパ最大の再自然化プロジェクトとなっている。

かつての世界に戻れるというわけではない。無垢は一度失ったら戻らない。原始の状態だったものは、ほとんどが汚れてしまった。だが、自然はまだ生き残っている。自然のプロセスは復元可能であり、その資源は再生し、自然本来の姿は回復する、とわれわれは信じている。世界を巡っていても、希望を失うことはなかった。なぜなら、ここは私たちの地球だからだ。私たちは、その気になれば我が家を作り直すことができる。

20−21頁
巨大な希望
メキシコ沿岸を進む史上最大の動物、シロナガスクジラの母子。前世紀には捕鯨により激減し、絶滅危惧種となっていたが、個体数が増え始めている。かつての数に戻るには何十年もかかるだろうが、国際的に保護されており、主な餌であるオキアミが今後も豊富であれば、この巨大なクジラの回復には希望が持てる。

自然はまだ生き残っている。
自然のプロセスは復元可能であり、その資源は再生し、
自然本来の姿は回復する、とわれわれは信じている。
ここは私たちの地球だからだ。
私たちは、その気になれば我が家を作り直すことができる。

FROZEN WORLDS

極地　氷の世界の生命力

「気候の変動によって、あらゆる生態系に悪影響が出ていますが、最も顕著なのが南極と北極です。氷の世界には、あってしかるべき量の氷がもはや存在していません。北極圏では、夏に氷が失われつつあるのが見てはっきりわかります。冬ですら海を覆う氷がだいぶ減り、これが地球温暖化に拍車をかけています。南極では陸上の氷床が下から溶け始め、海流や地球の気候に影響を及ぼし始めています。極地で起きていることの影響は、極地だけにとどまりません。私たちは氷圏を守ろうと叫ぶだけでなく、今の世代の責任だと自覚し、危機感をもって気候変動に取り組む必要があるのです」

クリスティーナ・フィゲーレス

「グローバル・オプティミズム」設立パートナー、「ミッション2020」議長

この浮氷は、地球上最も豊かな生態系のひとつを支えている。ペンギンやクジラを始め、数多くの生物を養う極地のセレンゲティだ。

地球の最南端、氷に覆われた巨大な南極大陸の沿岸部でも、春は再生と誕生の季節だ。南極は冬の間に海氷が敷きつめられ、広さが2倍にまで拡大する。春になり、海氷が溶け始めると、氷上で過ごしていた生物が大陸沿岸にやって来る。一番乗りはアデリーペンギンで、数もいちばん多い。南半球が春を迎える10月、少なくとも800万羽が南極大陸に上陸する。

厳しい冬の間、海で餌をとっていたアデリーペンギンは、春になると氷に覆われた大陸に上陸し、地面がむきだしになったわずかな場所を求めて坂を上る。なかには海を越え、海氷を越えて、100キロメートル以上の旅をして大陸にたどり着くものもいる。上陸地点はいくつかある。氷が溶けた場所は営巣地となり、数十万羽、あるいはそれ以上が集まる。巣ができると、オスとメスは抱卵もヒナの給餌も交代で行う。餌はオキアミ、魚、イカで、海まで戻って調達する。

南極大陸に生息しているペンギンは、アデリーペンギンと、体高1メートルのコウテイペンギンの2種だけだ(大陸ほど環境が厳しくない南極半島の先端には別の3種も繁殖している)。ロシアほどの広さがあるこの大陸は、地球上で最も寒く、乾燥し、風が強く、高度が高く、海に囲まれ、過去3000万年で築かれた氷床は厚さ5キロメートルにも達する。烈風が吹きすさび、猛々しい南氷洋の海流が周囲を巡り、まさに世界から切り離された存在だ。氷は溶けず、変化はごくわずかで、この地に永住している陸生哺乳動物は人も含め、まったくいない。では気温がマイナス80℃にもなる冬を、アデリーペンギンはどうやって生き延びているのだろう?　いやじつは、冬は大陸を離れ、海氷の浮かぶ海や、さらにその沖で越冬しているのだ。

南極大陸を囲む南氷洋は、大陸の過酷な寒さと比べれば暖かい。氷にほぼ覆われているが、この浮氷は地球上最も豊かな生態系のひとつを支えている。ペンギンやクジラを始め、数多くの生物を養う極地のセレンゲティだ。氷の亀裂や下面には海藻が生え、その量は南極地方全体で何十億トンにものぼり、海洋生物の豊かな食料となっている。こうした海氷藻類は、陸の草原に相当する。これを主な食料源としているのがナンキョクオキアミ——知名度はあまり高くないが、地球上最も数の多い生物のひとつだ。

27頁

生きるために跳ぶ

高速で水面に浮上し、海から跳び上がったアデリーペンギン。氷の縁に潜むヒョウアザラシを避けるにはこれがいちばんよい。だが、海温や気温の上昇は捕食者よりはるかに手強く、長期に及ぶ脅威だ。温暖化により、雪解けが早まったり、今まで降ったことのない雨が降ったりして営巣地が影響を受ける。また、餌のオキアミや魚の漁場も変わるだろう。

24−25頁

混み合うコロニー

オウサマペンギンの繁殖コロニー(一部)。亜南極のセントアンドリュース湾に浮かぶサウスジョージア島。この湾には30万羽以上のオウサマペンギンが生息している。島の冬は比較的暖かく、ヒナは無事に冬を越せる。

本章扉

すばらしい氷の光景

南極半島ジェルラッシュ海峡の氷山を背景に、オキアミを求め、波間をかすめ飛ぶマダラフルマカモメ。

28−29頁

氷をかじる

海氷の下面についている植物プランクトンを食べるオキアミ。サウスジョージア島沖。オキアミは南極に生息する魚、ペンギン、アザラシ、クジラなどほとんどの動物の餌となる。オキアミが乱獲や海洋の酸性化、冬の海氷の減少(オキアミは海氷に依存している)などにより著しく減少すると、他の海洋動物は深刻な打撃を受けることになる。

上
夏の饗宴
南極半島の沖、ルメール海峡でオキアミをたらふく食べるザトウクジラ。

オキアミはエビに似た小型の甲殻類で、体長は5センチ足らず、平均寿命は7年、そのほとんどを深海で過ごす。しばしば巨大な群れをなし、数百平方キロに及ぶこともある。夜になると水面に移動し、外洋を漂う植物プランクトン(微細藻類)や、氷に生えている藻類を熊手状の硬い毛で削って食べる。

オキアミは世界全体で780兆匹と推定され、総重量はヒトを上回る。南氷洋の生物はほぼすべて、オキアミに依存している。ペンギンも、ザトウクジラもそうだ。このクジラはオキアミ目当てに、繁殖を行う熱帯の海から南氷洋まで8000キロメートルの旅をする。哺乳類の移動距離では世界最長の部類に入る。ザトウクジラは1日に2トンほどのオキアミを食べる。さらに、南氷洋の捕食者の最上位にあるシャチも、ペンギンやアザラシ、ときにはオキアミを食すクジラまで襲うため、間接的ながら、やはりこの微小な甲殻類に依存している。

周極風の吹きすさぶ南氷洋の海上を、ワタリアホウドリが舞っている。翼長3.5メートルにも達する世界最大の鳥で、餌を求めて海上を旋回し、何カ月も空中にとどまっていられる。餌とするのはオキアミや、オキアミを食べる魚だ。南氷洋に点在する亜南極諸島で営巣し、1個だけ産卵する。親鳥が餌を探して何千キロも飛んでいる間、ヒナは巣でぽつねんと待っている。

南氷洋の生物はほぼすべて、オキアミに依存している。ペンギンも、ザトウクジラもそうだ。このクジラはオキアミ目当てに哺乳類としては世界最長の旅をする。

広大な南氷洋に点在する島々は、野生動物にとって最高のオアシスだ。最も豊かなサウスジョージア島では、海洋哺乳類が世界のどこよりも密集するときがある。南極の冷凍庫からは離れた位置にあり、海氷もなく、冬も比較的暖かいため、1年を通じて生物の生息地となれる。この島で生まれたワタリアホウドリのヒナは、たいてい7日に1度の割合で親鳥から餌をもらいながら、巣立ちするまで丸1年を費やす。オウサマペンギンもこの島を繁殖地とし、数十万ものつがいがヒナを育てる。ヒナが冷たい海に入るのは、島で最長16カ月を過ごしてからだ。いっぽう、南極大陸でコロニーを築くペンギンの場合、ヒナは冬が来る前に、誕生からわずか数カ月で巣立ちする。

南極の古い氷は、地球の過去を記録した最良の貯蔵庫だ。深部の氷に閉じこめられた気泡から、過去の気温や二酸化炭素濃度を50万年前までさかのぼることができる。1980年代と1990年代、旧ソ連の南極観測基地「ボストーク基地」で、掘削機を使って氷床コアが切り出された。これにより、気候変動の研究に欠かせない2つの事実が初めて明らかになった。気温と二酸化炭素濃度は密接に関係し、常に一緒に上下してきたこと、そして、記録された期間中に両者ともかつてないほど高い値になっていることだ。

気候変動は南極と周辺海域にどのような影響を及ぼすのだろう?　大陸沿岸部は緑が濃くなり、他所の生物種の侵入を招くと予測する者もいる。実際、この数十年の温暖化により、雪や氷が消えつつある南極半島では、コケがすでに4倍に増えている。

差し迫った問題となっているのは、南極半島で夏を過ごすアデリーペンギンだ。この地帯は海温の上昇と南氷洋の気流の影響を最も受けている。

32–33頁

オウサマペンギンの託児所
素嚢(そのう)に餌を入れて戻ってくる親を待つオウサマペンギンのヒナ。亜南極のセントアンドリュース湾に浮かぶサウスジョージア島は、秋になるとヒナで溢れんばかりになる。写真はそのごく一部。

植物プランクトンが減る。するとオキアミも減り、オキアミを食べるすべての生物も減り……生態系全体が大打撃を受けかねない。

南極半島の北端に生息しているアデリーペンギンのあるコロニーは、この30年あまりで個体数が80%も減った。近くの海氷が消失し、ペンギンが依存している食物連鎖に影響が出たためと考えられている。今のところ、東南極では個体数が増えているため、埋め合わせはできている。この地帯では、海氷が増えている箇所もある。だが、それがいつまで続くかはわからない。

南氷洋の水温が上がり、薄くなった氷を通して海底に届く光が増えるにつれ、海洋生物のなかには繁栄する種も現れるかもしれない。南極大陸の湾のうち、ニュージーランドの真南にあるロス海の海底では、深海カイメン、ヒトデ、クモヒトデ、ナマコが大発生していることが最近判明した。だが、このような大発生は誤解を招きかねない。南極半島近くのベリングスハウゼン海では、海底に生息する蠕虫（ワーム）その他の新たな生物が侵入して在来種を駆逐し、全体として見ると、生物多様性が失われている。

南極周辺の海底に生息する既存の無脊椎動物の約5分の4が、気候変動のせいで絶滅するおそれがある、と海洋生物学者は信じている。気候変動に関する政府間パネル（IPCC）によると、南極の海氷は今世紀中におよそ4分の1が失われるという。そうなれば植物プランクトンも減り、オキアミも減る。その結果、魚、イカ、ペンギン、ザトウクジラにいたるまで、オキアミを食べる南氷洋の生物すべてが減る。オキアミが激減すれば、生態系全体が大打撃を受けかねない。

北極のセイウチはすでにその危機に直面していると思われる。セイウチにとって、海氷は2つの役割を果たしている。海の食物連鎖の基盤をなす藻類の生息場所であり、動物が海に飛びこむための足場であり——セイウチは海底に生息する二枚貝やイガイを餌とする——海から上がって休むための場でもある。だが、北極の温暖化に伴い、極北のタイヘイヨウセイウチはこうした氷の足場を失い、気候変動による難民として陸へと追いやられている。

タイヘイヨウセイウチの主な餌場はシベリアとアラスカの間にあるチュクチ海だが、ここの海氷は今や夏になるとほとんど溶けてしまう。夏でも溶けずに残っている海氷は、大半がはるか北にあり、海が深く餌がとれないため、セイウチは休む場を求め、シベリアの岸に沿って南下している。問題は、ごつごつした岩だらけの難民キャンプにセイウチが溢れていることだ。チュクチ海の東岸

34頁

凍てついた大陸
NASAによる南極の衛星画像。地球上で最も寒く、乾燥し、風の強い土地だ。南極半島は左上。

南極は海に囲まれた大陸であり、北極は陸地に囲まれた海である。

では、個体数が10倍にも膨れ上がった。太ったセイウチが10万頭も集まり、ひしめき合っている。大型哺乳類の群れとしては、地球上最大と言えるだろう。

空いているスペースがなくなると、新たに来たセイウチは休む場を求めて50メートルもの断崖を上っていく。疲れ果て、腹を空かせ、不慣れな高さに方向感覚を失ったセイウチは、崖から滑り落ちることもある。野犬の群れや人間の姿を見てパニックを起こし、崖下の岩へと飛びこむこともある。番組撮影班は、チュクチ海のある海岸で650体以上もの死骸を見つけた。

北極と南極の違いはぱっと見た目にはわかりにくい。どちらも同じように、見渡す限り白い氷原が続いている。だが、この点以外では、両者はまさに正反対と言える。南極が海に囲まれた大陸であるのに対し、北極は陸地に囲まれた海である。南極は分厚い氷のおかげで寒さがなんとか保たれているのに対し、北極では温暖化の影響がはるかに大きく、海氷が激減し、多くの生物種はすでに非常に苦しい状況に追い込まれている。

北極は非常に寒く、たいてい氷に覆われている。氷の範囲は季節によって異なる。冬は24時間ずっと暗く、気温も氷点下だ。3月には氷が海全体に広がり、シベリアの凍てついたツンドラと北米がひと続きになるため、ホッキョクグマは氷を渡って大陸間を移動できる。

夏には気温が上がり、1日中太陽が沈まないため、多くの氷が溶けて9月には最も小さくなる。だが、この数十年間で北極の季節サイクルが乱れつつある。夏でも残る氷がますます少なくなり、冬に生成される氷も減少している。残った氷の厚さも以前よりだいぶ薄い。さらに、多くの場所で海氷の溶ける時期が早まり、再凍結する時期が遅くなりつつある——つまり、ホッキョクグマなど多くの生物種が氷上で餌をとる時間が短く、陸で過ごす時間が長くなり、人間との接触も増えている。

極北で起こりつつある事態は、世界全体で気候変動が速度を増していることを示すものと考えられる。温暖化は今や地球全体の問題となっているのだ。

36頁
秋の大移動
移動中のタイヘイヨウセイウチの母親と子どもたち。何千頭もの群れをなし、ロシア領高緯度北極のシベリア沿岸を進んでいく。秋に移動するセイウチにとって、この浜辺は休憩に適した数少ない場のひとつ。近年は夏が非常に暑く、北極海に浮かぶ海氷が溶けてなくなるため、セイウチは海上で休める場所を失った。栄養不足で、沖まで出かけ、深い海に潜って餌を採らなければならず、セイウチはストレスを抱え、わずかな浜辺に重なり合うようにして身を休ませている。

38–39頁
気候変動による難民
世界最大の休憩地であるチュクチ海の岬に集うタイヘイヨウセイウチの大群。2017年秋には10万頭がこの地を利用した(ほとんどが太平洋の個体群)。セイウチは氷を追って北に移動する習性があるが、今や氷ははるか北のウランゲリ島まで行かないと残っておらず、大陸棚沖で餌を採る際に必要な休憩場所がない。

全世界で地球温暖化を 1.5℃未満にとどめない限り 今世紀半ばまでに夏の北極海には 氷がほぼすべてなくなるだろう。

41頁　上
最大でも……
2017年3月:暖冬が3年連続し、北極海に浮かぶ海氷の年間最大範囲は史上最小を記録した。

41頁　下
……最小に
2017年9月:夏の終わり、北極点における海氷の範囲は史上最小を記録した。

42–43頁
夏の最後の氷山
世界最大のフィヨルド、グリーンランド東岸のスコルズビ湾に浮かぶ晩夏の氷山。大型のダウガード・イェンセン氷床から分離した大きな氷山が狭い水路を漂い、岩にぶつかる。グリーンランドの陸氷は急速に溶けており、世界の海水位の大幅な上昇が懸念されている。

地球温暖化の原因は、太陽熱を吸収する温室効果ガスの大気中濃度が高まった結果である。温室効果ガスに含まれる二酸化炭素は、石炭、石油、天然ガスなど炭素を含む化石燃料の使用により、大気中に大量に放出されている。だが、北極の場合、温暖化は地球上の他の地域より2倍以上速く進んでいる。海氷の減少が温暖化を加速させているからだ。

氷は白いため、太陽光の85%を反射して宇宙に跳ね返し、北極の寒さを保つ役割を果たしている。だが、この数十年で海を覆う白い氷の表面積は減少し、代わりに現れた色の濃い海面が反射する太陽光は10%にすぎない。残りの太陽エネルギーは吸収され、辺りの気温や水温を上昇させる。

その結果が顕著に現れているのが北極海に浮かぶ氷だ。夏に溶ける氷がますます増えている。気温が上昇すればそれだけ溶ける氷も増え、それがさらなる温暖化をもたらす。冬になり気温が下がれば、氷は再び生成するものの、かつては毎年溶けずに残っていた氷がほとんど失われたため、新たに生成する氷ははるかに薄い。

最近まで、北極の大部分は夏も溶けない氷で覆われていた。その40%以上が失われた現在、北極の氷の厚みは1.2メートル、1975年の3分の2となり、これがランナウェイ効果(暴走効果)をもたらしている。冬の氷が薄くなればなるほど、翌年の夏に溶けやすくなるということだ。

全世界で地球温暖化を1.5℃未満にとどめない限り——この状態で北極は3℃の上昇となる——今世紀半ばまでに、北極で夏も溶けずに残る海氷は緯度のごく高い海域に限られ、グリーンランド北西部とカナダのバフィン島の北部にある群島の海岸付近のみとなると予測されている。夏には北極海の氷はほぼすべてなくなるだろう。

北極圏の生態系や、ここで暮らす人々の生活に、温暖化はすでに非常に大きな影響を与えている。だが、温暖化の影響は北極圏にとどまらない。地球のてっぺんの「鏡」が失われたら、地球全体の温暖化が加速するからだ。

今から10年前、世界の種子バンクを運営する農業研究者たちが、北極からさほど離れていないノルウェー領スヴァールバルの島で、山にトンネルを掘って「終末に備えた貯蔵庫」を作った。核戦争、小惑星の衝突、地球温暖化、海面上昇など、考えうるあらゆる地球規模の災害から守るために、世界中の作物の種子を、野生種も栽培種も含めたサンプルとして永久に保存する。

場所によっては地表温度よりも
地中温度の上昇のほうが速く、
永久凍土も急速に消失しつつある。

世界に終末が訪れても、この種子バンクがあれば、生存者は少なくとも作物の種子を見つけ、栽培して食料とすることができる。

ところが2017年の夏、スヴァールバルの気温はかつてないほど上昇し、山を覆う氷が溶け始め、貯蔵庫に通じるトンネルに流れ込んだ。内部が水浸しにならないよう、対処しなければならなかったほどだ。世界の終末をもたらすものとして種子の研究者たちが想定した大災害のひとつは、すでに始まっているように思われる。

北極の氷がこれほど早く、これほどのスピードで溶けるとは誰も予測していなかった。影響は北極を取り囲む大陸に広がっている。カナダ、アラスカ、シベリア、スカンジナビアでは、6月の残雪量が過去40年間で半減した。北極圏で暮らしている先住民40集団の伝統的な狩猟、漁業、牧畜は崩壊しつつある。沖に浮かぶ海氷は変化し、動きが読めなくなった。ツンドラの火災など、過去にない現象で放牧地が失われていく。しかも、海洋生物、陸上生物いずれも移動パターンが変わりつつある。

場所によっては地表温度よりも地中温度の上昇のほうが速く、永久凍土も急速に消失しつつある。シベリア、カナダ北部、アラスカに広がる大地は何千年間も凍てついたままで、凍土は深さ700メートルに達する場所もある。だが、今日では表層が泥沼と化し、道路の変形、パイプラインの破裂、建物の倒壊、メタン火災、地面の陥没などを引き起こしている。

北極圏の全国家が参加する政府間組織「北極評議会」は、2040年までに地表近くの永久凍土の20%が溶ける可能性があると警告している。

腐りかけの植物から発生するメタンはこれまで北極圏の凍土に閉じこめられてきた。凍土の融解により、今後それが大量に放出されるようになるのではないかと懸念が高まっている。メタンの地球温暖化係数は二酸化炭素よりもさらに高く、凍土融解が進み、大量のメタンが大気中に放出された場合、地球温暖化はおそらく「劇的に」加速すると科学者たちは予測する。

北極圏に氷のない状態は、生物学的にも物理的にも過去200万年にまったく例がない。自然には適応力があり、凍てついた世界からの解放がプラスとなる生物もいるだろう。たとえば、大西洋や太平洋に生息している多くの魚が北へ

と向かっている。サバはこの変化を享受している。だが、北極圏はもともと生態学的に不毛の地だったわけではない。変化が不利に働く生物もいるはずだ。

海洋生物にとって、北極海は昔から避難場所となっていた。その一例がサンゴである。サンゴと聞けば、私たちは熱帯の島々を縁取るサンゴ礁を思い浮かべるが、じつは冷たく深い北極海でも、ほとんど溶けない氷の下に、世界有数のみごとなサンゴが生息しているのだ。このサンゴは熱帯のサンゴ礁と同じように、他の海洋生物に大切な生息場所を提供している。

世界最北の冷水サンゴは、北極地点からわずか400キロメートルのスヴァールバル諸島北方、ランセス海嶺のカラシク海山に生息している。潜水艇を使って写真を撮影したドイツの海洋生物学者アンチェ・ブーティオスは、次のようにブログに書いている。「そこは生命に満ちあふれている。数百年は生きていると思われる体長1メートルほどの巨大なカイメンの間に巨大な白いヒトデ、青い巻き貝、赤いカニ、白と茶色の二枚貝が見える」。冷水サンゴは、深海メバルなど北の海に生息する商業的に重要な魚をもはぐくんでいる。

こうした冷水にしか住めない生物は、やや暖かい水域で繁栄している生物が北極に侵入してくると、生存競争に敗れる可能性がある。だが、温暖化の影響は北極に生きる生物ほぼすべてに及ぶだろう。北極の海洋生物は、消えゆく海氷への依存度が非常に高いからだ。

上
非永久凍土
シベリアの永久凍土が溶け、渓谷に流れ込む。永久凍土とは、200万年以上もずっと凍っていた土壌だ。これが溶けると、非常に大量の二酸化炭素やメタンが放出され、地球温暖化に拍車がかかる。また、道路や線路は崩れ、パイプラインは壊れ、建物は土の中に沈む。

ホッキョクグマは北極の氷を狩りに生かせるよう進化したため、氷が消えていくと2050年までに生息数は3分の2に減りかねない。

言うまでもないが、海に浮かぶ氷は、ホッキョクグマやアザラシ、セイウチなど海洋哺乳類が生きていくために欠かせない。こうした動物は氷の縁で1年のある時期を過ごす。海氷は休息の場であり、敵との攻防に有利な場でもある。

ワモンアザラシは一生のほとんどを氷の下で獲物を狩って過ごす。こっそり水面に顔を出し、ホッキョクグマとモグラ叩きゲームも繰り広げる。このアザラシはひれ脚の爪を使い、氷を削って穴を開けて息を吸うのだが、ホッキョクグマが穴の近くにたむろし、ランチの到着を待っている。アザラシは穴を数カ所に開けて生き延びるすべを身につけたため、ホッキョクグマはどの穴のそばで待てばよいかわからない。だが、氷が薄くなり、この攻防戦が変わってきた。アザラシは穴を開けやすくなった代わりに、身を隠しにくくなっている。

ワモンアザラシは氷の上に積もった雪を掘って巣を作り、生まれたばかりの子を隠す。積雪の少ない年は、巣の天井が崩れ、まだ独り立ちできない子の姿が丸見えになる。また、雪の層がすでに薄くなっている場所では、姿を隠すものが何もない氷原に子が産み落とされる。このような子どもは生き延びることができない。短期的に見れば、ホッキョクグマにとって有利な状況と言えるだろうが、両者とも氷を利用して狩りを行っているだけに、氷が消失すればどちらも打撃を被る。

北極には現在2万2000～3万1000頭のホッキョクグマが生息している。25年前にはわずか6000頭だったことを考えると順調に増えており、一見したところではなんの問題もなく思われる。個体数が増加したのは、ホッキョクグマの保護を目的とした国際協定が1973年に結ばれ、人間による狩猟が減ったからだ。実際、ホッキョクグマは元来の生息地のほとんどで今も見られる、地球上の数少ない大型肉食動物のひとつである。だが、ホッキョクグマは北極の氷を狩りに生かせるよう進化したため、氷が消えていくにつれ個体数も減り、2050年までに世界全体で3分の2に落ち込む可能性がある。

もっと南方に生息している個体は、すでに狩り場を失いつつある。とくにハドソン湾周辺では、毎年夏になると氷が完全に消失し、その期間は最長4カ月にも及ぶ。氷が長持ちする北方に移動する個体もいるが、移動しない個体は陸地に上がるしかない。カナダの科学者たちがハドソン湾内外に生息するホッキョクグマの行動を追跡したところ、かつてよりも陸上で過ごす時間が多くなり、空きっ腹を抱えてベリー類を食し、チャーチルなど人の居住地から出るごみをあさっていることが判明した。こうした居住地では、ホッキョクグマと人との衝突が目立ち始めている。

46頁

世界の頂上で

痩せこけた若いホッキョクグマが、カナダ高緯度北極にあるバフィン島の北、バイロト島沖の浮氷塊に立っている。アザラシを食べ終えたばかりで、まだ餌がいないかと鼻を利かせている。季節は夏だ。海はじきに凍り始め、このホッキョクグマの氷の狩り場は拡大する。高緯度北極のこの辺り一帯は、少なくとも2050年まではホッキョクグマの生息地として残るだろう。南側では、氷はすっかり溶けてなくなると予測されている。

48–49頁

崖っぷち

ロシア領高緯度北極のフランツ・ヨーゼフ島嶼群のひとつ、チャンプ島を覆う分厚い氷冠の上をゆくホッキョクグマ。島の周辺は北極海最大の海洋保護区だ。最近までこの無人の島嶼群は1年のほとんどを氷に包まれていたが、過去10年間に氷の溶ける時期がますます早く、海の凍る時期がますます遅くなっている。

春に藻類が大量発生する時期も激変した。海洋生物にとって非常に重要なこの時期は、場所によっては50日も早まっている。

51頁
氷に縁取られた牙
イッカク（オスは長い牙がある）がカナダ領高緯度北極のバフィン島沖で餌を採っている。季節は夏だ。イッカクの行動——何を食べ、メスはいつどこで出産するか——は、その年の海氷の拡張と縮小と結びついている。冬に氷が拡張すると、氷の端に沿って南下し、流氷の中で餌を採る。餌は主に魚、イカ、エビ、カニで、吸いこみ丸呑みにする。グリーンランドオヒョウを追って深く潜ることもある。

陸上で過ごさざるを得ない時間が長引けば、アザラシを捕食して脂肪を蓄える時間も減る。したがって長い目で見ると、ホッキョクグマの生存にも、子を産み育てる能力にも影響が出てくる。また、地球温暖化により北上してきた陸生の近縁種であるヒグマやグリズリーと異種交配する可能性もある。実際、ハドソン湾周辺では、すでにグリズリー（grizzly）とホッキョクグマ（polar bear）の交配種が報告され、グローラー・ベア（grolar bear）と呼ばれている。

他の海洋哺乳類も同じように苦境に立たされている。イッカクは、ホッキョククジラやベルーガと共に年間を通じて北極の海に生息しているクジラの仲間で、その生活は海氷の季節による拡大、縮小と密接に結びついている。カナダとグリーンランド西部のイッカクは、毎年冬のほとんどをグリーンランドの西に広がるバフィン湾の深海域で過ごし、しっかり餌をとる。分厚い叢氷のある場所で群れをなし、主な食料であるカラスガレイを求めて深く潜水する。また、氷の下でホッキョクダラも捕食する。だが、氷の縮小によって狩り場が減るうえに、外洋では氷の消失に伴いシャチが入ってくるため、イッカクが捕食される危険が高まっている。

北極圏に生息する野生動物の最も豊かなホットスポットのひとつに、海氷の間に半永久的に存在する開水域（ポリニヤ）が挙げられる。これは海水の湧昇により生じることが多い。ポリニヤでは藻類が大量に発生し、野生動物が集まってくる。ホッキョクグマ、世界最大の群れをなす小さなウミスズメ、そして北極の氷に依存するクジラ類——イッカクとホッキョククジラ——にとって、ポリニヤは生きるために欠かせない場となっている。ホッキョククジラは氷の周辺で一生を過ごす。寿命は200年かそれ以上、脊椎動物では世界屈指の長寿を誇る。ユネスコは数カ所のポリニヤを世界遺産に登録するよう提案しているが、氷の消失によりポリニヤ自体の存続が非常に危ぶまれている。

海洋生物の未来にとって大きな懸念となっているのが、藻類だ。海水温の上昇により、藻類はこの20年間で約20％も増え、大量発生もより頻繁に生じ、おかげで氷の縁に生息するごく小さな甲殻類（動物プランクトン）は豊富な餌に恵まれている。甲殻類は魚に、魚は鳥や海洋哺乳類に食べられる。だが、氷がなくなると、最終的にはプランクトンという海の恵みを得にくくなるだろう。

毎年、春と秋には1200万羽ほどの海鳥が太平洋を渡り、北極海に飛来する。その途中、狭いベーリング海峡で営巣し、餌をあさり、ヒナを育てる。

53頁

食料調達部隊

小さなウミスズメが群れをなし、ノルウェーのスヴァールバル諸島の島に戻ってきた。巣は岩だらけの海岸にある。ウミスズメの主な餌はごく小さな甲殻類のカイアシで、特に繁殖期はこれを狙う。海温上昇により、プランクトンのようなカイアシ類がこの海域から姿を消すと、ウミスズメは子育てに非常に大きな打撃を受ける。

54—55頁

ミツユビカモメの大群

夏のスヴァールバル。ホーンサンド・フィヨルドにある氷河のふもとに集まったミツユビカモメの巨大な群れ。氷の溶けた水と海水が出会う場所で餌を採っている。氷河が溶けると、海底から小さな生物がいっせいに上がってくるのだ。

藻類の種が変化し、海の食物網に影響が出ていることは、すでに確認されている。春の大量発生の時期も激変した。海洋生物にとって非常に重要なこの時期は、場所によっては50日も早まっている。これは海洋生物にとって脅威となる。多くの種は、ライフサイクルが大量発生の時期と一致しているからだ。両者が一致しなくなると、北極海で最も重要な位置にある一部の種が打撃を受ける可能性がある。

たとえば、渡り鳥は現在、北極圏に飛来して繁殖し、北極の藻類がもたらす豊かな海洋生物を享受している。毎年、春と秋には1200万羽ほどの海鳥が太平洋を渡り、北極海に飛来する。その途中、狭いベーリング海峡で営巣し、餌をあさり、ヒナを育てる。小型のキョクアジサシもこうした渡り鳥で、毎年北極と南極を行き来している。だが、氷に覆われている時期が変化すると、飛来しても餌がないという事態になりかねない。

カナダ北部の沿岸にあるハシブトウミガラスのコロニーは、すでに苦境に立たされている。ヒナに与えるホッキョクダラは、氷の端で育つ藻類を餌としているのだが、氷が従来よりも2週間早く、ヒナが孵化する前に溶けているのだ。餌が入手しにくくなれば、餓死するヒナも増える。

北極の冷たい海水が後退するにつれ、カラフトシシャモがこの水域に入ってきている。ハシブトウミガラスが餌をすばやくこれに切り替えられるかどうかはわからない。もしできなければ、北極圏カナダで個体数が70%も減少したゾウゲカモメの二の舞になる。

北極圏に生息する種が変化するにつれ、新たな食物連鎖ができあがる可能性はあるが、それが自然界や人間にどのような結果を及ぼすかは不明だ。つい10年前まで、グリーンランド沖にサバはいなかった。それが今や大量に捕れるため、オヒョウやエビと並びグリーンランドの主力輸出品となっている。サバを始め、最近まではもっと南の方でしか見られなかった魚が北極圏に入ってくるようになると、魚を求めて新たに北極圏を訪れる者も現れる——その最たるものが、北極の資源開発に余念のない人間だ。

人はすでに北極圏の南側で水産資源を利用している。ベーリング海ではサケやスケトウダラ、スカンジナビア北方のバレンツ海ではホッキョクダラやコダラなどだ。こうした魚の一部は、北極が温暖化するにつれ、個体数が減る可能性がある。主に氷の縁で餌をとっているスケトウダラは、氷の消失とともに減って

上
氷の魚
北極海の氷の下で過ごすホッキョクダラの若魚。2歳ぐらいになるまで氷のそばで暮らし、カイアシ類など小型の甲殻類を餌とする。血液中に不凍タンパク質が含まれるため、氷点下の水温でも生きられる。大きくなると外洋に移動し、海洋哺乳類や海鳥の重要な食料源となる。海温上昇により北上してきたタイセイヨウダラの餌食にもなっている。

いくだろう。だが、タラやカラフトシシャモ、オヒョウはかえって増えるかもしれない。ある研究によると、北極圏の魚類個体数は2050年までに50%も増え、その商業価値は300億ドルに達すると推定されている。

今や多くの企業が、かつては航行不能だった北西航路(カナダ北部)や北東航路(ロシア北部)に貨物船を送っている。北極圏を通るシベリア北部の航路を使えば、原料を中国へ、製品をヨーロッパへ輸送する時間を半減できる。

北極圏の保護に心を砕く人々が最も警戒しているのは、氷が後退すると北極海底に眠っている鉱物や炭化水素の抽出がはるかに楽になる点だ。莫大な採取量が期待できるかもしれない。たとえば、まだ発見されていない世界の天然ガスの3分の1は北極海の大陸棚に存在すると考えられている。温暖化により氷がなくなったのをいいことに、温暖化の原因となる燃料をさらに抽出して気温を上げ続けるのは愚の骨頂と思えるのだが、ほとんどの石油会社はそうは思っていない。しかもアナリストたちによると、北極の大半の資源の所有権を主張しているロシアは、資源確保のため北極の「軍事強化」に余念がないそうだ。北極海にはどの国の領海にも含まれない部分があるのだが、ロシアの調査隊は2007年、北極点の海底に国旗を立てた。

南北両極圏という地球のサーモスタットにとって皮肉なのは、人間の影響が、

温暖化により氷がなくなったのをいいことに、温暖化の原因となる燃料をさらに抽出するのは愚の骨頂と思えるのだが、ほとんどの石油会社はそうは思っていない。

人間のほとんど住んでいない地域で最も大きくもたらされることだが、極地圏を守るために何ができ、現実にどんな策が講じられているだろう?

1959年、南極に基地を持つ全12カ国によって初めて採択された南極条約は、南極大陸の軍事利用および商業採掘を禁じ、科学研究のための地と定めた。また、海洋資源に関しては特別会合を開催し、南氷洋のオキアミや魚類の漁獲量を規制している。

また、遠洋漁業から資源を守るために、サウス・シェトランド諸島の南方大陸棚を世界初の保護水域とし、最も多様な生物が生息している南極の湾のひとつであるロス海に世界最大の保護水域を設けた。保護論者たちはさらに、南極大陸の周囲にもっと保護水域を増やし、現在は陸上生物に限られている手厚い保護を海洋生物にも適用するよう求めている。彼らの提案には、もうひとつの大きな湾であるウェッデル海と、南極半島の保護水域も含まれる。

いっぽう、北極に対する脅威はより多様で切迫したものとなっている。南極とは異なり、正式に保護されている部分はほとんどない。もっとも2017年末には国際協定により、北極海の中央部分における商業漁業が16年間禁止されることになった。この水域は地中海よりも広く、現在は海氷に覆われ漁業は行われていない。各国政府がこの協定に合意したため、海氷が後退して新たな漁場が生じる前に魚類個体群を評価することができる。

これは良いニュースだが、生物学者はさらに踏み込んだ対策を求めている。魚が産卵する海底火山、冷水サンゴ礁、ポリニヤなど生物多様性のホットスポットを正式に保護すべきだ、と彼らは言う。また、グリーンランド北部とカナダ北東部の群島の一部からなる「最後の氷エリア」——海氷が最後まで残ると考えられている水域——を正式に保護水域とする提案も行っている。ここが保護されれば、ホッキョクグマを含め、現在は北極で一般的に見られる多くの種にとって、重要な避難場所となるだろう。だが、北極における正式な保護は、地球温暖化を1.5℃未満に抑え、海氷をこれ以上溶けないようにする努力と連携して行う必要がある。

気温の上昇により海氷が失われ、凍土が融解し、北極はすでに変わりつつ

正式な保護は、地球温暖化を1.5℃未満に抑える努力と連携して行う必要がある。

59頁

ホッキョククジラの海峡

アラスカ北岸沖、北極海の水面に出てきたホッキョククジラの母子。ホッキョククジラは浮氷塊の間で、カイアシ類などプランクトン様の動物を餌として生きている。頭蓋骨が非常に分厚く、厚さ18センチ程度の氷なら割って呼吸用の穴を開けられる。

ある。この変化はやがて報復という形をもたらすだろう。陸氷が溶けると世界中で温暖化が加速し、海面が上昇する。現在では年間3ミリだが、上昇率は高まっており、2100年までには年間60センチと考えられている。海面上昇の主な原因は、水温が高くなるほど体積が増すという水の性質にある。海水の熱膨張は今後も続く。だが、極地の氷が溶け、海に入る水が増えるにつれ、海面上昇はおそらく劇的に加速するだろう。

海氷が溶けても、海水位は直接には影響を受けない。海氷はもともと海に浮かんでいるからだ(溶けても海の体積は変わらない)。だが、陸上の氷が溶け、その水が海に入ると、世界中の海面が上昇し、沿岸部は水に浸かる。

大規模な融解

海抜10メートル未満の土地に6億人以上が暮らしている。沿岸部に住む人々にとって、海面上昇は将来的な危機である。海面は陸上の氷が溶けることで上昇する。特に懸念されているのが西南極氷床の融解だ。この氷床は海山に乗っているため、水温の上がった海水の影響も下から受けている。だが、大規模な融解を止める時間はまだある。

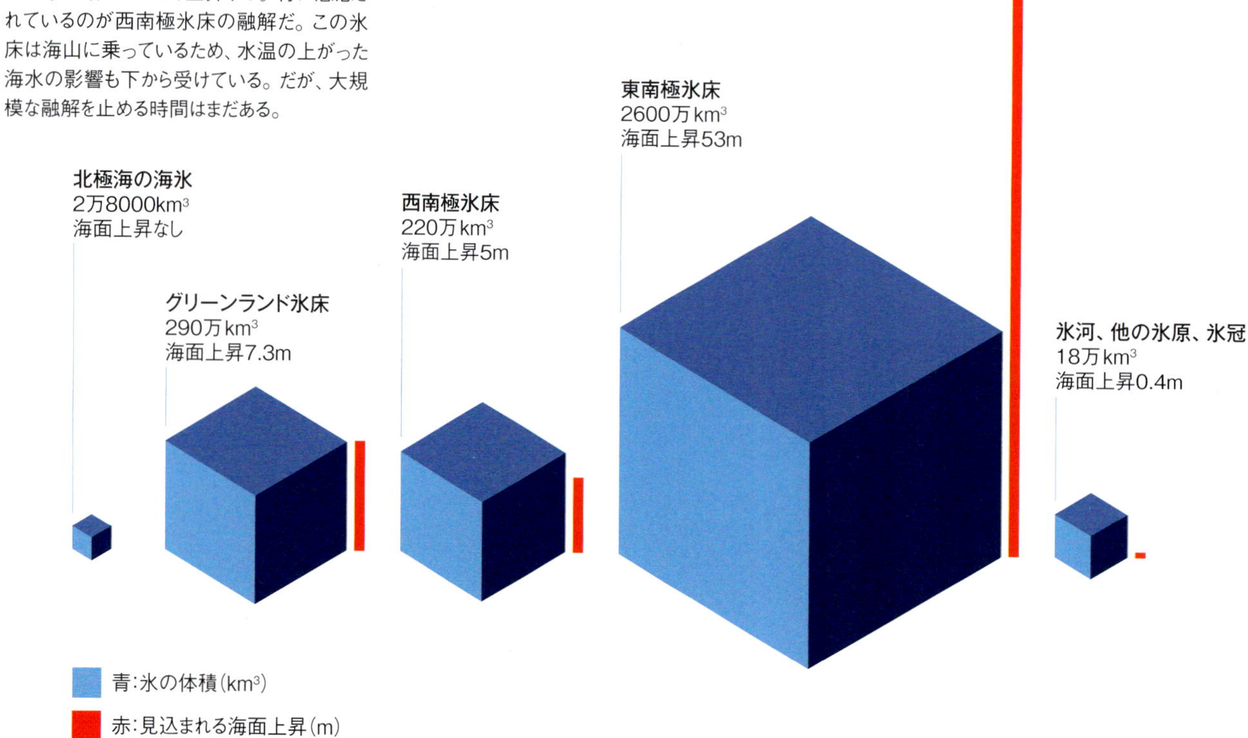

西南極氷床が失われると、海面は5メートル上昇する可能性があり……海面の急上昇をもたらす唯一かつ最大の脅威となっている。

61頁
溶けゆくグリーンランド
2016年夏、グリーンランド氷床に生じた表面融解水の川。川はやがて亀裂に穴を開ける(氷河甌穴)。こうしてできた竪穴から氷床の基底部へと水が落ちていく。これが潤滑油の役割を果たし、氷床が海の中へと滑りやすくなる。写真右側のオレンジ色の点は、表面融解水の効果を調べる研究者たちのテント。毎年、氷床は雪や氷晶雨によって氷を増し、融解によって氷を失う。だが、遅くとも2002年以降は、増える氷よりも減る氷のほうがかなり多くなっている。さらに、水温の上がった海水と接する下方も溶け始めている。

62–63頁
ジェンツーペンギンの一団
南極半島沖、ダンコ島に繁殖コロニーを築くジェンツーペンギンの群れ——100羽以上から成る。写真はその一部——が海中を進んでいく。オキアミを採り、ヒナに運ぶのだ。南極圏の海氷が縮小するにつれ、ジェンツーペンギンは活動範囲を広げている。アデリーペンギンなどのようにオキアミに依存しきっているわけではなく、体が大きいため、より深く潜り、より多くの魚を餌とできるためだろう。

陸には多くの氷がある——そのほとんどはグリーンランドと南極大陸を覆う3つの巨大な氷床である。グリーンランドはドイツの6倍の面積をもつ島で、厚さ3キロメートルに達する氷に覆われている。この氷床はすでに量が減りつつあり、世界の海面を年間1ミリ押し上げている。もしこれが全部溶けた場合(最低でも数世紀はかかるだろうが、止められなくなる可能性がある)、海面は最終的に7.3メートル上昇するだろう。

地球最大の氷床は東南極氷床だが、幸い、これは安定していると思われる。なぜなら巨大であり、陸地にしっかり乗っているからだ。万一この氷床がすべて溶けた場合、海面は最高53メートルも上昇するから、安定していることはありがたい。だが、これより小さな西南極氷床は状況が異なる。

西南極氷床は陸地にではなく、一連の海山に乗っている。水温の高い海流がこの氷床の下を循環すると、氷床は海中の山から離れて漂流し、流れる過程で溶けていく、と科学者たちは警告している。この氷床は議論の的となっているのだが、世界的に有名な南極の氷の専門家であるNASAのエリック・リグノットは、長い目で見れば「制止不能な」結果になるだろうと述べている。

西南極氷床が失われると、海面は5メートル上昇する可能性がある。NASAは「海面の急上昇をもたらす唯一かつ最大の脅威」だと指摘する。この氷床が消失すると、沿岸部の生態系を始め、多くの大都市、最良の農地の一部が水浸しとなり、世界規模での大惨事となるだろう。最初のうちは氷の溶ける速度は遅く、2世紀ぐらいの間は海面上昇といっても微々たるものだろうが、その間に地球温暖化を止められないと、融解は加速しかねない。

こうした現状を考えると、私たちは緩やかな温暖化を食い止めるだけではなく、世界を沼地としかねない遠い南極の氷床の融解を制止不能な状況にまでしないよう、早急に対策を立てる必要があると言えるだろう。

FRESH WATER

淡水　循環する生命

「何世紀もの間、私たちは自らの繁栄のために水資源を管理しようと、自然の水循環を乱してきました。でも、転換点が訪れています。大型ダム、排水路、堤防は、淡水の生態系や生物多様性を損なうばかりか、治水面でもかつてほどの効果が見られないケースがしばしば生じています。洪水、干ばつ、野火、水不足のリスクが高まっている現在、水循環の改善に目を向けるべきでしょう。自然のリズムに逆らうのではなく、従う形で改善していく。生けるものすべての安泰がこの点にかかっているのです」

サンドラ・ポステル

地球の水環境の専門家。主な著作:『水を補う――水と繁栄の好循環をもたらすために（Replenish: The Virtuous Cycle of Water and Prosperity）』

大型河川は地球の動脈だ。陸に降り注いだ雨水を海に運び、水循環を維持している……。水は海で蒸発して大気に上り、さらに雨を作り出す。

川は下方へと流れ、海にたどり着くもの、と思われるかもしれないが、必ずしもそうとは限らない。カンボジアを流れるトンレサップ川は、毎年流れが逆になる期間が半年近く続く。通常この川は東南アジア最大のメコン川に入るのだが、6月から11月の雨期にはメコン川の水量が乾期の50倍にもなり、溢れた水がトンレサップに流れ込む。この水に押されてトンレサップは200キロメートルほど逆流し、湖に到達する。湖は氾濫し、周囲の森を100キロメートルほど水浸しにする。

雨期の間、トンレサップの川と湖はメコン川を流れる水のじつに5分の1を受け入れる。栄養豊かな沈泥も、無数の稚魚も水と共に流れてくる。泥水に浸かった木々のそばで稚魚は育ち、丸々と太った成魚になる。木々には鳥が数多く集まり、魚を餌とする。湖畔の村で水上生活を営む何千もの人々は豊漁に恵まれる。この光景を目にした19世紀のフランス人探検家ピエール・ロティは、カンボジアは「魚が木で育つ」国だと言った。

氾濫していた水が引くと湖は縮小し、トンレサップ川は下方のメコン川へと向かう。その流れに乗って魚もメコン川に入り、上流と下流を回遊する。トンレサップ川の逆流と森林地帯の冠水は、生物学的に世界屈指の豊かさを誇るメコン川の心臓部と言える。メコン川にはカワゴンドウ〔イルカの仲間〕や体長3メートルにもなるメコンオオナマズ——いずれも絶滅危惧種——も生息し、漁獲量でこの川を上回るのはアマゾン川だけだ。メコン川で漁業を営む人々は推定6000万人、民間の支援団体「オックスフォード飢餓救済委員会」によると、メコンの魚類は「どの国よりも経済的繁栄と食料安全保障に大きく貢献している」という。

トンレサップ川の幸はアジア有数の帝国をも支えた。12世紀に最も栄えたクメール王朝の中心地で、宮殿群のあるアンコールワットはトンレサップ湖に近い。トンレサップ川沿いの住民は、当時から毎年川が逆流する日を記念して祭りを催してきた。水蛇を描いた何百隻ものカヌーで、メコン川との合流点にあるカンボジアの王宮まで川を下っていく。

雨期にメコン川が大氾濫し、氾濫原から森林まで冠水することで、自然の

68頁
ウォーターランド
カンボジアのトンレサップ川の水源、トンレサップ湖の周囲には浸水林が広がっている。ここは生命活動が活発だ。湖水に浮かぶ村の小舟は、世界屈指の漁獲量に恵まれる。自然の恵みをもたらすのはメコン川で、モンスーン期にはメコンの水がトンレサップ川を逆流して湖に達する。だが、メコン川の水力発電ダムは、この周期的な洪水に終止符を打ち、浸水林にも漁業にも打撃を与えかねない。

66–67頁
スポンジランド
アメリカ東海岸、ナンズモンド川の湿原は、チェサピークの流域に残る湿原の中でも保護の行き届いたもののひとつだ。湿原は土地を氾濫や嵐の影響から守り、土地から流れ出る汚染物質を捕捉し、栄養物や沈殿物、汚染化学物質が川に流出する速度を遅らせる。また、野生生物の生息地としても非常に重要だ。

本章扉
火と氷
ヴァトナヨークトル氷河の氷の洞窟の奥。アイスランド南東部に広がるこの氷河は、ヨーロッパ最大級だ。しかし、いつまで保つだろう? 気温上昇のせいで急速に溶けつつあり、年間1メートルの割合で縮小している。氷河は数々の火山の上に乗っているため、融解により氷の重みが減ると、火山活動が活発になり、いきなり洪水などを引き起こしかねない。

上
メコンの奔流
メコン川の最も荒々しい場所、コーンパペンの滝に立つ漁師。ラオスからカンボジアへと大量の水が滝となって落ち、豊富な魚類と豊かな沈泥がもたらされるこの場所は、少なくとも4000万人の生活を支えている。メコンとその支流には70基以上の大型ダムが計画され、この滝の上流に予定されている1基は物議を醸している。だが、今のところ、メコン川は比較的自由に流れ、世界の動脈のひとつであり続けている。

恵みがもたらされる。この豊かさを目の当たりにすると、私たちが川にダムを造り、氾濫の防止策を講じる前は、世界の多くの川もメコンと同様だったのだろう。電気の消費者や農民の需要ではなく、季節が川の流れを決定していた時代、季節による流れのサイクルを生かし、自然が川に生命を満ちあふれさせていた時代を思わずにいられない。

淡水の生態系とそれを構成する生物種は、陸や海のそれと密接に結びついている。たとえば北米のサケを見てみよう。サケは一生のほとんどを太平洋や大西洋で過ごしているが、5歳ぐらいになると海を後にする。不思議な磁気測位システムを使い、何千キロも旅をして自分が生まれた川に戻り、かつて孵化した砂利の川底めざしてさかのぼる。

目的の場所にたどり着いたメスは、卵に酸素が十分に行き渡る場所を選び、砂利を掘って産卵床を作る。オス同士はメスをめぐって闘い、産み落とされる卵に放精する。その後まもなくオスもメスも死に、新たなライフサイクルが始まる。次世代の稚魚は1年ぐらいで海に戻る。なかには遡上を妨げる水力発電ダムや砂礫州のせいで産卵場所にまでたどり着けないサケもいる。コロンビア川では、産卵場所の半分以上が失われた。それでも、遡上は今も活発に行われている。とくに大規模なのがベニザケだ。世界中のベニザケの半数近くがベーリング

漁獲量でメコン川を上回るのはアマゾン川だけだ。メコン川で漁業を営む人々は6000万人と推定される。

海からブリストル湾に入り、アラスカ南西部の山間部を流れる川へと戻っていく。母川をめざすサケは、毎年ベニザケが6000万匹程度で、他にカラフトマス、キングサーモン、シロザケも数百万匹に上る。

オレゴン州からアラスカに至るアメリカ北西部では、サケは生態系でとくに重要な地位にあるキーストーン種とされている。産卵のため川を遡上するときは、捕食者にとって1年で最も大切な時期となる。クマ、オオカミ、カワウソ、ミンクなどは川を遡上してくる獲物を狙う。捕食者の多さに、サケをセレンゲティのヌー〔ウシの仲間〕にたとえる生物学者もいるほどだ。

クマは脂ののったサケを川で捕らえ——浅瀬で追いかけることもあれば、滝をジャンプしたところを捕らえることもある——森に運んで食べるのだが、食い散らかすため、サケの残骸が林床に残る。残骸はクマの糞にも含まれる。こうして、死んだサケは河岸沿いの森林に必要なあらゆる養分の4分の1を提供しているのだ。重量にして1ヘクタール当たり年間数千トンに上る。アラスカのトウヒ〔マツの仲間〕は、サケが遡上する川岸に生えているものは、遡上しない川岸のものより3倍も成長が早く、サケで育つと言っても過言ではない。

鳥類も恩恵を被っている。ワタリガラスやカラス、カモメ、ワシもサケを食す。世界で最もワシの生息密度が高いのは、アラスカの主なサケの産卵場所の周辺だ。チルカット川上流の産卵場所には、毎年50万匹ものシロザケが集まり、これを狙うハクトウワシは数千羽に上る。

これほど多くの捕食者がいても、サケの成魚は多くが生き延びて産卵し、川で自然に死を迎える。死骸は腐り、海で蓄えた養分が川に流れ出て、川の生態系に受け継がれる。海との関連は明らかだ。秋に多くのサケが遡上する川の河口には、翌年の夏に多くの繁殖鳥が集まる。

大型河川は地球の動脈だ。川の流れは水循環を維持している。陸に降り注いだ雨水は川によって海に戻され、海で蒸発して大気に上り、再び雨となる。川は繁殖の場でもあり、地球の生態系を結ぶ自然の幹線道路でもある。山の水は川によって砂漠へと運ばれる。回遊魚は川をさかのぼり、奥まった地の産卵場所へと向かう。さらに、川は栄養豊かな沈泥を氾濫原にもたらし肥沃に保つ。河口の都市を海面上昇から守る働きもある。

サケは河岸沿いの森林に必要なあらゆる養分の4分の1を提供している。

何よりも、川は生命をはぐくむものだ。世界の魚類のうち半分近い種が川に生息している。最も多様な生物を擁する世界最大の熱帯雨林が、世界最大のアマゾン川流域にあるのは、けっして偶然ではない。

大型河川は人をもはぐくむ。食料を川の流れに依存している人は何億にも上る。漁獲という直接的な形もあれば、氾濫により田畑や牧草地が潤うという間接的なものもある。ほぼすべての古代文明が大河沿いで始まったのもうなずけよう。古代文明は、エジプトではナイル川、メソポタミアはティグリス川とユーフラテス川、中国では黄河沿いで栄えた。今日でも、ほとんどの内陸都市は河岸にあり、ニューヨーク、上海、ロンドンなどの大都市は河口に位置している。

だが、この数十年間に、人は川の氾濫を防ごうとして水路にバリケードを築き、命をはぐくむ自然の動脈を傷つけてきた。川をせき止めるダムは、大型のもので約60,000基、大型以外では数百万基に上る。川の水は用水路から田畑へ、または都市の給水システムへと流用される。こうした水は水循環から外れ、戻ってこない可能性がある。発電用タービンを回すために使われる水は、季節とは関係なく下流に放出される。この水は肥沃な沈泥を含まないことが多く、海に至るまでの生態系を乱している。

最も有名な障害物として、アメリカ西部を流れるコロラド川のフーバーダム、世界第3位の大河である長江(揚子江)に作られた中国の三峡ダム、世界最長のナイル川に作られたエジプトのアスワンハイダムなどがある。現代世界がダムの恩恵を受けてきたのは事実で、私たちが使う電気の5分の1近くは水力発電ダムで作られ、作物の4分の1は川からの灌漑で育っている。

だが、生態系への影響は深刻だ。世界の大型河川の約3分の2にはダムや他の基盤施設が建設され、もはや水が自由に流れなくなっている。中国を流れるメコン川の上流にはダムが次々に造られ、下流のラオスやカンボジアでもダム建設が計画されており、トンレサップの周期的な洪水は風前の灯火だ。世界で最大規模の内水面漁業〔淡水での漁業〕は、じきに過去の記憶となりかねない。

サルウィン川は全長2800キロメートル、チベット高原からミャンマーとタイのジャングルを通ってインド洋まで、現在はなんの障害物もなく水が流れているが、ミャンマーでダム7基が計画されているほか、さらに上流の中国でも同様の計画がある。

ヨーロッパの大型河川にはすべてダムが造られている。ロシア以外で唯一の例外はアルバニアを流れるビヨサ川だが、全長270キロメートルのこの川には現在7基のダムが予定されている。アマゾン川ですら、大きな支流の多くにダムが建設されている。

72頁

クマに欠かせないもの

産卵のため遡上してきたベニザケを川に入って捕らえるヒグマ(アラスカのカトマイ国立公園)。アラスカはクマの生息密度が世界で最も高く、その維持に母川回帰するサケが貢献している。川の周辺の林床にクマが食い散らかしたサケの残骸までもが、木々の主な栄養源となる。

74–75頁

ワニのパパ

8～10匹のメスから生まれた幼生を守るオスのインドガビアル。インドのチャンバル川にて——ここはインドガビアルにとって最後の砦だ。多くのクロコダイルとは異なり、ガビアルは陸上を歩けず、干ばつを避けるためにトンネルを掘ることもできず、絶滅の危機に瀕している。川の分水により、長い乾期の間に水たまりが干上がることも、その理由のひとつだ。

77頁
清流のダイバー
小魚を狙い、いつもの止まり木から飛びこむヨーロッパカワセミ。スペインのサラマンカを流れるトルメス川にて。酸素が豊富で汚染されていない淡水に依存している生物群集の中で最もきらびやかな種だ。カワセミの生息数が長期にわたり減少しているのは、農薬の流入や産業廃棄物による川の汚染のせいだと考えられているが、ヨーロッパの多くの水域で浄化活動が行われ、現在カワセミはその恩恵を受けている。

そのせいで、淡水生態系の多くは壊滅的な打撃を受けている。世界屈指の大型河川のなかには、私たちが大量の水を長年使い続けた結果、水が海まで届かず、三角州は不毛の地となり、河口は砂でふさがれ、海水が川へと逆流しているものもある。

かつて、メキシコのコロラド川デルタには潟や森があり、ボブキャットやビーバーの姿が見られたが、この25年間に川の水はここまで届かなくなり、三角州は干上がり荒れ地と化した。パキスタンのインダス川デルタも干上がり、100万ヘクタールものマングローブの森が失われた。過去半世紀の間に、主に土木工事のせいで、世界の河川や淡水湿地に生息する野生生物は80%も減少している。それでも、ダム建設が止まる気配はない。さらに3700基のダムが世界中で計画され、または建設中だ。

現在はアフリカにダム建設の波が押し寄せている。エチオピアは青ナイルに

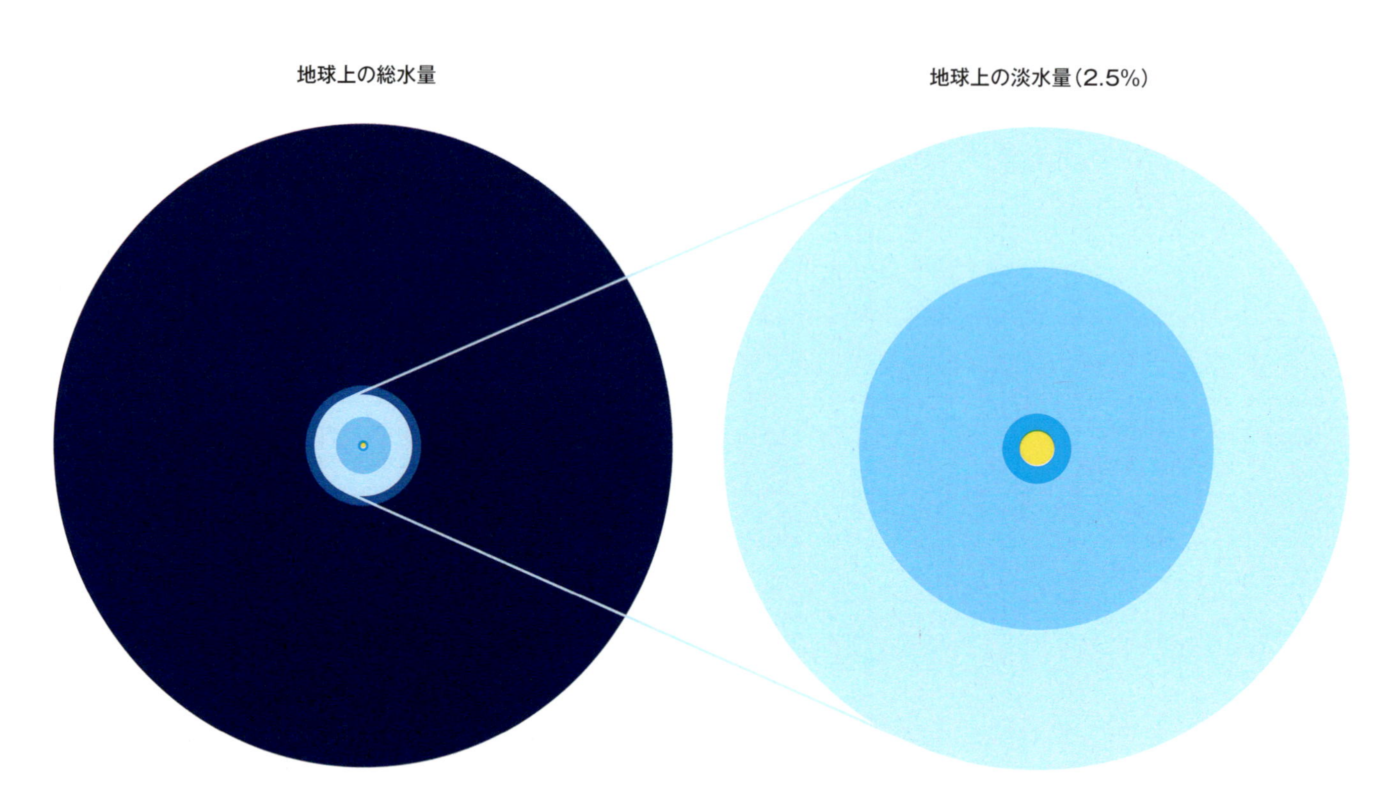

貴重な淡水
地球上に存在する水のうち、淡水は2.5パーセントに過ぎず、その3分の2以上は氷として閉じこめられ、3分の1近くは地下深部にある。地表水は淡水のわずか0.3パーセントで、河川水はそのごく一部にすぎない。

塩水(97.5%)
- **海水** 96.5%
- **他の塩水**(湖、地下水など陸上の塩水) 1%

淡水(2.5%)
- **凍結淡水**(氷冠、氷河、万年雪) 1.72%
- **淡水地下水** 0.75%
- **他の淡水**(土壌、大気、植物に含まれる) 0.02%
- **地表水**(湖沼水、河川水) 0.01%

川の天然資源の重要な部分は、岸辺の湿地帯——沼や沼沢、氾濫原や湿原、湖や泥沼からもたらされている。

79頁
パンタナルの大物たち
大型のジャガーが20分の格闘の末、自分より大きなパラグアイカイマンを仕留めた。ブラジルの湿地帯パンタナル、森林に覆われた川岸にて。ジャガーは通常、川岸でカイマンを捕らえるが、この写真のように大物を仕留められるのは体の大きなジャガーだけだ。両者にとって、パンタナルは格好の隠れ家であり続けている。

80–81頁
ブラジルの広大なウォーターランド
ブラジル中西部、パラグアイ川上流域の広大なパンタナルには、湿地、熱帯雨林、草原がパッチワーク状に広がっている。ここの淡水生態系は、大きさも重要性も世界屈指のレベルだ。動植物は季節による洪水と干ばつに、そして水と土地の境が常に変化することに適応している。大規模な洪水時には、この一帯の80パーセントほどが冠水する。草原を放牧場にしたところ、水質汚濁と乾期の砂質土浸食が発生している。

アフリカ大陸最大のダムを建設中であり、アフリカ南部のザンベジ川にも、アフリカ最大のコンゴ川にも新たなダムが予定されている。だが、生態系の被害を無視したとしても、ほとんどのダムは経済的理由が薄弱なのだ。オックスフォード大学の研究によると、過去1世紀に費やされた大型ダムの建設費2兆ドルの半額は、当事国にとって経済収益率がマイナスとなったという。ダムの完成は予定より何年も遅れ、建設費は平均して予算原価の2倍近くに上った。しかも、多くの水力発電ダムには送電線不足が、農業用ダムには水の分配に必要な用水路の不足がついて回る。その他のダムは肥沃な農地を水浸しにし、貴重な漁場を破壊する。だが、ダム発注の責任者である政治家は、技師の誇張した言葉を鵜呑みにしたり、賄賂に屈したり、ダムにより経済発展が見込まれると錯覚しがちだ。

川の天然資源の重要な部分は、岸辺の湿地帯——沼や沼沢、氾濫原や湿原、湖や泥沼からもたらされ、その生態系は多産性も生物多様性もトップクラスである。水と養分の多い沈泥とが混ざり、広がっていく場は、自然が命をはぐくむ力をいかんなく発揮できる。

世界最大の淡水湿地帯はパンタナルだ。パラグアイ川の広大な氾濫原には潟やよどみ、湖、沼が点在している。ほとんどがブラジルにあり、広さはギリシアほど、北のアマゾン熱帯雨林と同様に、ここも生物多様性のホットスポットとなっている。

パンタナルには無数のズグロハゲコウを含め、600種以上もの鳥類が生息している。世界で最も恐ろしい捕食者も潜んでいる。乾期が近づき、水量が減っていく水たまり、河道、その周辺に生物が集中する時期は、捕食される危険が最も高まる。カピバラやバクを狙うのは、水中にいる1000万匹のカイマンだけではない。岸辺にはジャガーも巨大なアナコンダも潜んでいる。ジャガーは噛む力がネコ科で最も強く、ワニをも捕らえて殺す。

パンタナルの集水域の多くは、すでに放牧場として利用されているが、湿地の大部分はまだ舟でしか行けない。パンタナル周辺の森林や草原が農民のものとなるにつれ、湿地は野生生物の避難所としての重要性がますます高まっている。

200万人以上の人々も
ニジェール川内陸デルタで暮らし、
豊かな自然の恵みを糧としている。
川水の多い時期は魚を捕り、
水が引くとヒエ類を牛に食わせ、
作物を栽培する。

湿地はどこでも動物の避難所となっている。砂漠の端にあるものはとくにそうだ。たとえば、サハラ砂漠の端、ティンブクトゥ近くのニジェール川内陸デルタはベルギーほどの広さで、西アフリカ最大の川が砂漠に広がるさまは緑の宝石を思わせる。水路、ヒエ類、浸水林がはぐくむ魚類は100種を越え、そのうち24種はここでしか見られない。水の中ではマナティーが泳ぎ、浅瀬ではクロコダイルやカバがたむろしている。また、ウ、サギ、ヘラサギ、ツルなど、何十万羽もの鳥が越冬のためヨーロッパから飛来する。200万人以上の人々もここで暮らし、豊かな自然の恵みを糧としている。川の水が溢れ、三角州全体が水に浸かるときは魚を捕り、乾期を迎えて水が引くと、ヒエ類を牛に食わせ、作物を栽培する。

湿地は干ばつや戦争時の安全な避難場所でもあり、雨不足のときは食料を得られる最後の場となる。南スーダンの長引く悲惨な内戦では、約10万人が家を捨て、アシが生い茂りゾウやカバのいるスッドに避難した。ここはナイル川の流域で、世界で2番目に大きな湿原である。

開発の手の及ばない湿地は、自然にも人にも欠かせないものだが、私たちは今でもその重要性がわかっていない。泥沼、ぬかるみ、沼という単語そのものが、嫌なものの比喩として使われている。だから、湿地の水を抜いて堤防を築く。湿地に水を提供している川にダムや運河を造る。そして農地や都市を造成する。

湿地がなくなるというのは破滅的な出来事だ。ダムを造ったり、川の流れを変えたりして湿地に水が行かないようにすると、太陽に照りつけられて湖は縮小し、木々は倒れ、農作物は枯れていく。漁網には何もかからず、地面には動物の死骸が累々としている。イランとアフガニスタンの国境にあるハームーン湿原は、ダムができたため20年前に干上がった。ヒョウやカワウソ、鯉、フラミンゴなど、ここに生息していた生物はすべて生きる場を失った。人間も同じで、30万人が難民キャンプで暮らす羽目になった。

私たちは湿地の富を失いつつある。推定値は異なるものの、世界の湿地は過去300年間に約3分の2が失われている。アメリカの湿地は半分以上が干上がった。カリフォルニア州は過去2世紀で湿地の90%を、ミシシッピ川は氾濫原の80%を失った。

82頁

命の川

西アフリカ最大のニジェール川は、マリ北部の砂漠の古都ガオの横を流れている。コメを栽培している砂地は季節によって一部が冠水し、島のようになる。コメはガオの住民の食糧だ。この都市は何千年も前から交易の中心地だった。サハラ砂漠を越えてラクダが運んできた塩その他の物品が、ガオで舟に積まれ、市場へと運ばれていた。

シクリッドは……
タンガニーカ湖で多様な進化を遂げた。
大昔からあるこの湖に250種ほど生息し、
その98%以上がここでしか見られない固有種だ。

85頁
独自のライフスタイルを持つ湖の住民
東アフリカの大きなタンガニーカ湖には、245種ものシクリッドが生息している。写真はそのうちの2種。それぞれ一風変わったライフスタイルを確立している。

上
母の口
シクリッドの一種*Haplotaxodon microlepis*の仔魚は、母親の口を安全な隠れ家として育つ。父親の口もシェルターとして利用する。

下
貝殻泥棒
*Lamprologus callipterus*のオスは巻き貝の殻を集め、メス（左）に住まわせようとする。貝殻の中に入れるのは、オスよりはるかに小型のメスだけだ。メスは貝殻をシェルターや産卵場所として利用し、仔魚の隠れ家としても使う。近くに他の個体が積み上げた貝殻があると、オスはそれを失敬することもある。すでにメスが住んでいてもだ。

86−87頁
水を加えるだけで
南オーストラリアのエア湖の夜明け。砂漠の湖は、乾燥したオーストラリア奥地に広がる広大な盆地でいちばん低い地点にある。普段は干上がっているが、盆地のどこかで雨が降ると、水はここに集まり、太陽の熱で蒸発するまで湖となる。湖は最高1万平方メートルにもなり、まもなく生命に満ちあふれる。

湿地は今も姿を消している。西アフリカのニジェール川には水力発電ダムが建設中で、完成するとニジェール内陸デルタの水産資源は30%減少すると見込まれている。開発業者はスッド湿原にも狙いをつけている。南スーダンの内戦が終わり次第、ナイル川の水がこの湿原を迂回するよう運河を建設して水の蒸発を減らし、より多くの水を下流のスーダンやエジプトに送りこみたいのだ。ブラジルでも、パンタナルを通る形で巨大運河を建設する計画がある。遠洋航行船が通れる運河があれば、ブラジル産の大豆を中国に、木材をヨーロッパに、天然ガスを全世界に運びやすくなるからだ。パンタナルの下流では、すでに浚渫（しゅんせつ）船がせっせと働いている。この調子が続けば、世界最大の湿地は半分が干上がりかねない、と水文学者たちは言う。

地球上の水の一部は、何千年も同じ場所にとどまっていられる。東アフリカの大地溝帯（リフト・バレー）には、世界有数の古い湖がいくつかある。最も古く、細長く、深いものはタンザニアとコンゴ民主共和国の境にあるタンガニーカ湖だ。水深は1500メートル近くあり、湖水の大半は酸素が乏しい。水深100メートルを超えて生きられる生物はほとんどいないが、死の湖ではけっしてない。

タンガニーカ湖畔には生命が溢れている。この「生物多様性のバスタブ・リング」〔水陸の境を浴槽の排水口の周りにできる輪染みにたとえた表現〕には、クロコダイル、ミズコブラ、テラピン〔カメの仲間〕その他、ガラパゴス諸島よりも個性的な種が潜んでいる。魚類ではシクリッドが優勢だ。観賞魚として人気のあるカラフルな魚で、タンガニーカ湖で多様な進化を遂げた。大昔からあるこの湖に250種ほど生息し、その98%以上がここでしか見られない固有種だ。最大の種は体長1メートル、最小はわずか4センチ。酸素のごくわずかな深部で生きられるよう進化した種もいくつかある。

タンガニーカ湖は何百万年も前から存在しているが、他の湖は、生じては消えてゆく。ほんの数日で変化することもある。オーストラリア中部の中心地に巨大な盆地がある。オーストラリアで最も暑く、乾燥している場所のひとつで、広大な国土の6分の1を占め、かつてはその塩原で自動車の速度の世界記録に挑戦する試みがよく行われていた。だがまれに、遠い山々に降った雨水がこの盆地に勢いよく流れ込むことがある。水はまたたくまに盆地全体に広がる。こうして現れたエア湖は、わずか数日で面積が1万平方キロメートルに達するのだ。

広大な湖が出現すると、休眠状態だった昆虫の幼虫は目覚め、砂漠の水たまりに身を潜めていた魚はさかんに餌を食べて繁殖し、湖の周囲の湿った砂地は野の花で埋め尽くされる。すると何十万羽もの鳥がチャンスを察して飛来する。ペリカンは遠く南オーストラリアの海岸から訪れ、巨大なコロニーを築き、早速ヒナを育て始める。だが、生命に溢れる時期は短い。太陽に照りつけられて水は蒸発し、川は干上がり、湖は姿を消す。何百万もの魚の死骸は、かつてそこが水に覆われていたことを示す。鳥は弱いものや飛べないヒナを残して飛び去っていく。この先何年も、ここでは同じ光景が繰り広げられるのかもしれない。まさかと思われる場所ですら、水を加えるだけで自然が戻ってくる。エア湖はそれを如実に示す最高の例だ。

だが、水が恒久的に失われると、生態学的な破滅が現実のものとなってくる。実際、ダムや水の取り過ぎで川の水が内陸部の窪地に流れなくなった場所では、

すでにそうなっている。中央アジアのアラル海は、半世紀前までは世界で4番目に大きな内海だった。淡水でスコットランドほどの広さがあり、天山山脈やヒマラヤ西方のヒンドゥークシ山脈から流れ出る大きな川から常に水を供給されていた。水の青さと美しい砂浜が有名で、ソ連で消費される魚の6分の1がこの内海で捕れていた。だが、ソ連の大規模農業プロジェクトにより、中央アジアのウズベキスタン、カザフスタン、トルクメニスタンで綿花を栽培するため、川の流れが変えられた。

水の供給を絶たれたアラル海は、太陽に照らされ水が蒸発し、今や塩分の多い複数の汚水槽と成り下がった。海岸線は100キロメートル以上も後退し、人がほとんど足を踏み入れない砂漠が誕生した。アラル海の固有種だったチョウザメ4種はすでに絶滅した。最後にトロール漁船が出航したのは1984年だった。さらに、この地方の気候まで変化した。海による緩和効果がなくなったため、

上
ペリカンが飛んでくる
一時的に存在するエア湖に水がいっぱいになると、何百キロメートルも離れた沿岸部からペリカンが飛来し、当座のコロニーを築き、湖の魚を食べ、繁殖する。コロニーは50万羽強、沿岸部のどのコロニーよりもはるかに大きい。ペリカンが飛来のタイミングをどうして知るのかは謎だ。

溶ける氷

地球の水循環は、気候変動によって深刻な影響を受けるだろう。降水パターンの変化により、川の流れにはすでに影響が出ている。干ばつが増え、嵐はより激しさを増している。降水量の低下により枯渇する川も出てくるだろうし、水の蒸発が速くなったせいで川に流れ込む水量も減るだろう。

サハラ砂漠の端を流れるニジェール川は、水量の3分の1を失いかねない。エジプトを支えているナイル川もそうだ。アメリカ西部では何十年も続く大干ばつが発生する可能性がある。逆に、降雨量の増える地域では、川の氾濫がより大規模になるだろう。

山岳氷河の消失が現実味を帯びてきている。現在、世界の多くの場所では、夏に氷河が溶け、川に水を確実に提供しているため、たとえ雨が降らなくても川は流れ続けている。だが、地球の温暖化により、多くの氷河は冬の降雪でまかなえるより多くの氷を夏に失っている。

ライン川やローヌ川などの水源があるアルプス山脈は、すでに氷河を半ば失った。氷河が消失したら、アジアの大半は人も生態系も大打撃を受けるだろう。

中国の黄河や長江、東南アジアのメコン川、サルウィン川、イラワジ川、そして南アジアのガンジス川、ブラマプトラ川、インダス川には、いずれも高山氷河が夏に溶ける水が大量に流入している。これらの氷河は「アジアの給水塔」と呼ばれる。

バングラデシュからインドにまたがる世界最大のマングローブ湿地林シュンドルボンや、カンボジアのトンレサップの浸水林などで見られる豊かな生態系は、河川の流れに依存している——アジアの約20億の人々もそうだ。だが、氷河は毎年夏に減り続けている。氷が溶けている間、川は夏も涸れないでいるが、氷河が消失すると、川の命運は気まぐれな雨にかかってくる。

上：急速に溶けているカナダ極北のカスカウォルシュ氷河。急激な後退により、川の流路が変化した。

ほぼあらゆる場所で、雨が補うより多くの水が汲み上げられている。地下水位は下がるいっぽうで、井戸はあと数年で涸れるだろう。

夏はより暑く、冬はより寒くなった。かつては海底だった土地を渡る風は強く、土埃を巻き上げ、塩分や綿畑の残留農薬を運んでくる。環境は悪化し、仕事もなくなり、多くの人々がこの地を去った。この地方に起きた出来事を、国連は20世紀最悪の環境破壊と呼んでいる。

アフリカでは、チャド湖も危機に瀕している。サハラ砂漠の端に位置するこの湖は、かつては面積が2万5000平方キロメートルにも及び、ナイジェリア、ニジェール、カメルーン、チャドにまたがっていた。だが1970年代以降、表面積は90%以上も失われている。最初は干ばつが原因だったが、近年はチャド湖に注ぐ川が数百キロメートル離れた畑に灌漑用として分水されたのが原因となっている。湖とその周辺は、かつてはカバ、ゾウ、クロコダイル、チーター、ハイエナの生息地だった。今では動物の姿はほとんどなく、湖の名残はアシやスイレンにびっしり覆われ、この地は砂漠化しつつある。

豊かな生態系が失われ、人々も大打撃を受けた。1300万人ほどの農民、漁民、牧畜民が水不足に苦しみ、作物は枯れ、家畜は死に、漁業は成り立たず、貧困が増加している。2013年から2016年の間に、湖周辺の住民200万人以上が家を捨て、多くがヨーロッパに向かった。テロリスト集団ボコ・ハラムが台頭した背景には、このような状況も絡んでいるのだ。

私たちはこうした大惨事から教訓を学んでいない。エチオピアのオモ川で現在建設中のダム群は、ケニアのトゥルカナ湖を今の半分に縮小させるだろう。湖水の目の覚めるような美しさから、翡翠の海としてイギリスの探検家たちに知られていたこの湖は、5つの国立公園を支えている。公園ではカバが泥浴びを楽しみ、クロコダイルは豊富な魚にありついている。トゥルカナ湖が縮小すれば動物は生息地を失い、漁業で生計を立てている50万人もの人々は生活が成り立たなくなる。

世界の大型河川の多くが水量を失い、湿地や湖が縮小するにつれ、その水に依存していた人々は地面を掘り、ドリルで穴を開け、地下水(帯水層)を探さざるを得ない。だが、世界のほぼあらゆる場所で、降水量を上回る水が汲み上げられている。地下水位は下がるいっぽうで、井戸はあと数年で涸れるだろう。

インドでは、ポンプによる揚水が10倍に増えた。灌漑には雨が補える量の2

93頁
地下世界の窓
フロリダ州ジャクソン郡の鍾乳洞群に数多く見られる淡水のたまった陥没穴のひとつ。水はフロリダ帯水層と呼ばれる広大な地下水系からもたらされる。この帯水層はフロリダ全域と隣接州の一部にまで広がり、無数の湖や井戸に古代の水を提供している。だが、石灰岩で濾過された雨水がたまる以上の水が農業用水その他に利用され、水量は激減している。

94–95頁
カワウソの安住の地
ワイオミング州ジャクソンホールにある淡水のエリー・スプリングスで遊ぶカワウソ。カナダカワウソは、淡水と人の手の入らない開けた場所を必要とする動物群集に含まれる。彼らが餌とするマス、ザリガニ、両生類なども、やはり汚染されていない淡水系に依存している生物だ。

倍近くの水が使われている。西部のグジャラート州では、50年前は牛を使い、深さ10メートルの開放井戸から革製のバケツで水を汲み上げていたが、今は400メートル掘らないと水が出ない。何億人ものインドの農民とその家族が見捨てられる恐れがある。

インドだけではない。世界の食料のおよそ10分の1は、雨が補うことのない地下水を使って育てられている。大規模灌漑プロジェクトにより、アラビア砂漠やサハラ砂漠の地下に貯えられている大量の地下水が汲み上げられた。アラビア砂漠の帯水層は、かつては世界最大級の水量を誇っていたが、40年足らずのうちにほぼ枯渇した。

アメリカの大平原グレートプレーンズの地下には、サウスダコタ州からテキサス州にまたがる広大なオガララ帯水層がある。オガララとは、かつてこの地でバイソンを狩っていたスー族の部族名だ。1930年代には、この帯水層を利用する井戸はわずか600本だったのが、1970年代末には20万本となり、アメリカの灌漑農場の3分の1以上がこの水を利用していた。世界市場で取引される小麦の4分の3の灌漑用水をまかなったことも何年かあり、おかげでナイル川の水不足に悩むエジプトは小麦を手に入れられた。だが、オガララ帯水層は、場所によっては水量がもはや3分の1しかない。農民にとっては悪い知らせだが、自然にとっては朗報となるかもしれない。農場が閉鎖された所では、ヤマヨモギやヤギュウシバが復活している。バッファローが戻ってくる日も近いかもしれない。

だが、地下水の汲み上げにより、自然が失われる場所もある。多くの湿地は地下水があるからこそ存在している――砂漠のオアシスもそうだ。ヨルダンのオアシス、アズラック湿原は大昔からアラビア砂漠を渡る隊商にとって、そしてアフリカとヨーロッパを行き来する渡り鳥にとって、貴重な水飲み場だった。葦原や水路は浅い帯水層からの湧き水で常に潤い、スイギュウなどの動物が生息していた。だが、1960年代からヨルダンは首都アンマンの水道用に、この帯水層の水を汲み上げてきた。今では湧き水の大部分が涸れ、葦原の90パーセントが姿を消している。

淡水は地球最大の再生可能な資源なのだが、私たちは川や湖、湿地、そして地下水まで枯渇するほど、淡水を我がものとしている。その結果、水循環は崩壊の危機にさらされ、淡水が生み出す自然の恵みも失われる。天然資源を蘇らせるために、私たちは河川を損なわない形で水を生活に利用し、流れに逆らわずに生きるすべを学び直す必要がある。

徐々にではあるが、その方法は見えてきつつある。近年、北米ではオレゴン州からメイン州まで、浅知恵により建設された数十基のダムが取り壊された。ワシントン州を流れるエルホワ川のグラインズ・キャニオン・ダムもそのひとつで、ダムがなくなったことにより、魚が上流に上ってこられるようになった。また、湿地が回復し、三角州に魚が戻って、経済価値の高い漁場ができた例もある。

天然資源を蘇らせるために、私たちは河川を損なわない形で水を生活に利用し、流れに逆らわずに生きるすべを学び直す必要がある。

ヨーロッパでは、灌漑用や水道用に過剰な取水が行われている川が多く、また一部の川は水質汚染が深刻なレベルにある。だが、イギリスの工業都市から黒海沿岸に至るまで、世界で最も人口密度の高いこの大陸では、川を自然に戻す動きが各地で始まっている。フランス最長のロワール川は再自然化が進められ、サケやウナギの回帰を阻んでいたメゾン・ルージュ・ダムが取り壊された。ヨーロッパで最もダムの多いスペインでは、国内最大級のドゥエロ川でダムの解体が現在行われている。

かつてヨーロッパ各地では、川の増水時に水があふれ自然氾濫原に広がらないよう、川岸に土砂を盛り上げ、大量のコンクリートで固めていた。氾濫原はたいてい宅地や農地に作り替えられた。ところが、こうした水防策がかえってより大規模な洪水をしばしば招くこととなった。堤防ができたために水が川の主流に集まり、水位がさらに上昇し、海へと流れる速度も速くなったせいだ。堤防の一部が決壊した場合、洪水の規模は堤防がないときよりもひどくなる。このままではいけない。

ヨーロッパの河川管理者たちは、この問題にようやく気づき始めている。局所的な河川保護は、下流により大きなリスクをもたらしかねない。川を元の状態に戻し、自然氾濫原と再びつなげることは、生態系のためになるだけではなく、人にとっても壊滅的な洪水のリスクが減るという利点がある。自然にも人にもメリットがあるのだ。

思考の転換はライン川から始まった。1995年、アルプス山脈で大雨が降り、ライン川の水位が過去最高となった。堤防があちこちで決壊し、広範囲が洪水に見舞われ、オランダだけでも25万人が避難した。干拓した湿地が国土の大半を占めるオランダは、堤防をこれ以上高くしても最悪の洪水はもはや防げないと判断し、干拓地の6分の1を冠水させる代わりに残りの土地を守るという策を取った。2002年には、ドイツもライン川とエルベ川に同じ方法を用い始めた。

いっぽう、ヨーロッパで2番目に長いドナウ川では、スロバキア、チェコ共和国、オーストリアが氾濫原や川の自然な蛇行を復元している。ウクライナは、ドナウ川デルタにある最大級の島2つで洪水防止用の堤防を取り壊し、春の洪水を蘇らせたところ、野鳥が戻り、牛を放牧できる沼地も再現した。

やるべきことはまだいくらでもある。欧州環境機構によると、ヨーロッパの川には2キロメートル毎に人工の障壁が作られ、その数は50万に上るという。ヨーロッパでは、多くの川が低地の氾濫原をほぼ失っている。イギリスは2017年の調査で、氾濫原の90パーセントが「もはや正常に機能していない」と判明した。だが、水の流れる方向ははっきりしている。川を本来の形に復活させれば、洪水防止に役立つのだ——ドイツの議員の言葉を借りれば、「我々の川にもっと空間を与えよう。でないと、川は自分で手に入れようとする」

オーストラリアでも、川により自然な流れをもたらす動きが出ているが、きっかけは洪水ではなく干ばつだった。マレー・ダーリング水系はクイーンズランド、ニュー・サウス・ウェールズから南オーストラリアまで、オーストラリア東部と南部の大半の水を集めている。オーストラリアの作物はほとんどがこの水系から灌漑用水を得ている。だが、降水量の少ない年は、農民が川の水をほぼすべて使うため、川は何百キロメートルも干上がってしまう。

上
帰ってきたベニザケ
婚姻色に染まったベニザケが、カナダのブリティッシュコロンビア州のアダムス川をさかのぼる。サケ漁はこの州にとって非常に重要であり、州は健全な生態系を維持するため、川の水量が不足しないよう多大な努力をしている。川の流れは自然のままだ。

98−99頁
ダイサギの夏
白いダイサギが葦原で餌をついばんでいる。場所はハンガリーのドゥナ・ドラーヴァ国立公園内にあるドナウ川の氾濫原。この湿地はダイサギのヨーロッパ亜種にとって、夏を過ごすための最も貴重な場所のひとつだ。19世紀には狩猟のため絶滅の危機に見舞われたが、生息地の湿地の保護活動により、ハンガリーではつがいが1970年代の260〜330組から3600〜5500組まで増えた。

少しでもチャンスがあれば、自然は生き延びる方法を見つける。ただ、そのチャンスは私たちが与えなければならない。

干ばつが10年続いた2006年には、ゴムノキが何万本も枯れた。この地の生態系をなしているウやペリカン、オーストラリア固有種であるオブトフクロモモンガ、カーペットニシキヘビなどは生息地をほぼ失い、川の水は海まで届かず、河口は砂に埋もれた。ついに政府が腰を上げ、川に常に水が流れるよう、灌漑用の取水量に制限を設けた。川の水量に基づき、雨の多い年は取水量も多くなる。

また、政府は水利権を取引できるようにし、より効果的な水の利用法を奨励した。あまり水を必要としない作物に切り替えた農民や、細流灌漑など節水技術に投資した農民は、水利権を他の農民に売ることができる。国内最大の水系から何を得るべきか、国民を巻きこみ広く協議するこの方法は、他の河川や他国のモデルとなりうると考える人々もいる。

現在、計画はほぼ4分の3が達成され、川に水が戻ってきた。生態系が完全に回復するのはまだまだ先のことだが、在来種の魚類や植物（ゴムノキなど）の個体数は増えている。2016年、川の水量はこの四半世紀で最高となり、干上がった氾濫原に20年間蓄積されていた塩は洗い流された。氾濫原にはビラボンと呼ばれる湖がよみがえり、自然が急速に息を吹き返しつつある。

水の問題を抱える世界各地の河川管理者も、同じような方法をとっている。イギリスも、カリフォルニアも、中国も、苦境に陥っている川の一部を自然の状態にすると定めた。また、一部のダムには、かつて川やその湿原の生態系を支えていた毎年恒例の周期的な洪水を模して、その時期に放水するなど、新たなルールが設けられた。

こうした取り組みは手始めにすぎない。川を救うために本当に必要なのは、農地、都市、家庭における水の使い方の抜本的な見直しである。

川や地下の帯水層から得た水の3分の2は灌漑用として使われている。水を最も必要とする作物には、綿花、コメ、サトウキビ、小麦も含まれる。だが、こうして取りだした水のじつに2分の1が無駄になっているという概算もある。畑に注がれても、作物に届かないまま土にしみこむか、蒸発してしまう。浸透水はポンプによる揚水で回収できることが多いが、蒸発した水は取り戻せない。作物の根の近くに水を運ぶ細流灌漑なら無駄を減らし、川の流量や地下水の維持に役立つ。

100頁
カゲロウの産卵レース
ドナウ川にカゲロウが戻ってきた。川の汚染が著しかった数十年間は姿を消していたが、ドナウ川の主な支流のひとつ、ラーバ川では、交尾を終えたメスが夕暮れ時に飛び交っている。これから大急ぎで上流に向かい、水面に卵を産み落とす。そして2時間ほどで力尽き、死んでしまう。

103頁
ツルは飛んでいく
ソデグロヅルの家族集団が中国の沿岸の町、北戴河の上空を南へと飛んでいく。湿地に生息するソデグロヅルは絶滅危惧種で、写真のツルは総個体数の99パーセントを占める東部個体群に含まれる。この個体群は減少し、今や3500〜3800羽だ。繁殖地のシベリア北東部から、越冬地の長江下流域にある鄱陽湖(ハヨウコ)へと向かう。ロシアと中国の中継地は、6000キロメートルの旅をする渡り鳥にとって、なくてはならないものだが、多くの中継地は分水が行われたため、すでに消滅している。

104−105頁
湿地での集い
ネブラスカ州のプラット川は、渡り鳥のカナダヅルにとって最後の大型のねぐらのひとつだ。地球上に生息するカナダヅルの、少なくとも80パーセント(50万羽)がここに立ち寄る。鳥類学上、すばらしい光景だ。農業や都市の河川水需要により、この貴重な湿地は今も存続が脅かされているが、砂州と湿地牧野は水辺に生息する渡り鳥専用の休息地として復元が進んでいる。

また、都市の配水システムで漏れ口をふさいだり、アスファルトやコンクリートを流れる雨水を貯留したりして、水をよりよく利用することも可能だ。ベルリンはすでにそうしており、ロサンゼルスは検討中である。さらに各家庭でも、節水蛇口から節水タイプのトイレまで、日常生活に使う水道水を大幅に減らせる方法がある。

水は無尽蔵だと言わんばかりに私たちは無駄遣いしている。これは悪い知らせだが、良い知らせもある。水の使い方は改善の余地が大いにあるということだ。

地球は水の惑星である。水は命を生み出す源であり、自然の水循環はよりきれいな水を雨として絶えず提供している。私たちが干上がらせた川でも、汚染させた川でも、次に降った雨が大地から川へと排水されたとき、川は再びきれいで澄んだ流れを取り戻す。したがって、流れる水とそれが養う生態系の価値を学べば、川や湿地は他のほとんどの生態系よりも速く回復する可能性がある。これも良い知らせだ。

しかも、自然は私たちに歩み寄ることもある。たとえば、アメリカ西部のハイプレーンズを流れるプラット川には、鳥が生息している。今でもここにいるのは奇跡だ。ヨーロッパの探検家たちが初めてアメリカ大陸を横断して西部に向かった頃、プラット川は自由に流れていた。川幅はしばしば1.5キロメートルを越え、幅広の渓谷沿いに広がる草原は潤っていた。やがて、上流にダムが何十基も造られた。取水量は流量の3分の2に及ぶ。かつて川を流れていた水の大半は、今やデンバーなど急成長している都市の水道管を流れ、または灌漑用水として使われている。バイソンが闊歩していた地は畑となり、作物が育っている。

だが、川が衰えても、野生動物が繰り広げるすばらしい光景は今も変わらない。毎年春になると、何百万羽ものツル、カモ、ハクチョウ、ガンが飛来する。繁殖地のカナダやアラスカに向かう途中、プラット川で数週間羽を休めるのだ。おそらく何千年も前からこうしてきたのだろう。

とくに50万羽のカナダヅルにとって、プラット川ほど重要な場所はない。世界全体の個体数の約80パーセントがネブラスカ州中部、ビッグ・ベンド・リーチと呼ばれるさほど広くない場に集まってくる。川の中州で休み、冠水牧草地で餌をついばみ、オスはメスを惹きつけようと小枝を投げて見せ、空中に飛び上がり、求愛ダンスに余念がない。

川はもはやかつての姿をとどめていないが、渡り鳥にとってきわめて重要な役割を果たし続けている。それどころか、アメリカ西部で他の湿地が消失するにつれ、プラット川の役割は増しているのだ。もっとダムを建設すべきという圧力がかけられ、この川の将来は今も脅かされているものの、中州や冠水牧草地4000ヘクタールを回復させるプログラムも存在し、渡り鳥にとって欠かせない休憩地が維持される希望はある。少しでもチャンスがあれば、自然は生き延びる方法を見つける。ただ、そのチャンスは私たちが与えなければならない。

GRASSLANDS & DESERTS

草原／砂漠　人類のゆりかご／知られざる恵み

「見渡す限りの大草原や砂漠を前にして、胸の高鳴りを覚えない人がいるでしょうか?　草原には大型哺乳類がたくさんいるのが魅力です。セレンゲティではヌーの大群が見られ、かつてのプレーリーにはバイソンが大群をなしていました。でもそれだけではありません。砂漠にも目を見張るほど美しい場所があり、ナミビア北西部ではゾウが砂丘を越え、唯一生息している多肉植物をクロサイがはんでいます。どこまでも続く地平線、狩る者と狩られる者との生死を賭けた舞踏。私たちが持っている原始の記憶が蘇ってきます。人類の遠い祖先が森を出て、初めて直立歩行したのが草原でした。人類のゆりかごと呼ぶにふさわしい草原のバイオーム(生物群系)が直面している脅威に立ち向かわないなど、とんでもないことです」

ガース・オーウェン＝スミス

ナミビアの環境保護活動家、作家。地域密着型の保護活動により、
プリンス・ウィリアム・ライフタイム・コンサーベーション賞など数多くの賞を受賞。

火山性土壌のおかげで、
これほど広大な草原が保たれている。
面積ではベルギー1国に匹敵し、
生物学的な豊かさでも世界有数だ。
セレンゲティという名は、
マサイ語で「果てしない平原」を意味する。

108—109頁と111頁
大移動
マラ川を渡るヌー。セレンゲティを越え、ケニアのマサイマラ国立保護区へと移動している。ヌーは新鮮な草を求め、雨を追っていく。

本章扉
ライオンの休息タイム
倒したヌーで満腹となり、ごろごろしている3兄弟。ケニアのマサイマラにて。

112—113頁
大群の光景
マサイマラで草を食むヌーの大群。捕食者であるライオンは、昔から草原の被食者と密接に関わってきた。この国立保護区や隣接する保護地域に生息するライオンは、この20年間で3分の1にまで減少し、現在420頭前後だが、生息密度は今でもアフリカで1、2位を争う。いっぽう、ヌーはライオンに捕食されても生息数にほとんど影響はない。

緑の草原が動物の群れで黒く染まる。小型のウシ科、ヌーの大群が地平線まで広がるさまは、まるで100万匹のアリのようだ。蹄の音が轟き、空気が震える。

東アフリカのセレンゲティ平原を進むヌーの大移動は、地球で見られる野生動物の最も壮観な光景だ——原始の世界を思い出させてくれる。柵のない原野にこれほど多くの大型動物が見られる場所は他にない。ヌーだけで130万頭もいる。毎年春になると、ヌーの群れは新鮮な草を求めて平原を横切り、木の生い茂る北部の丘陵を目指す。この大群にさらに25万頭のシマウマやガゼルも加わる。今に残る動物の大移動では世界最大の規模だ。

移動の途中、こうした草食動物は何千頭ものライオン、ヒョウ、チーター、ハイエナにつきまとわれる。しかも、マラ川には巨大なナイルワニが待ち構えている。この川を渡らないと、アカシアの茂る森に入れない。森では乾期でも植物がずっと残っている。旅は500キロメートルを越えることもあり、その間に繰り広げられる捕食者と被食者の闘いも、やはり他に類を見ないものだ。

タンザニアとケニアの国境をまたぐセレンゲティは、ほぼ赤道直下にあり、昔から特別な場所だった。火山性土壌のおかげで、これほど広大な草原が保たれている。面積はベルギー1国に匹敵し、生物学的な豊かさでも世界有数だ。セレンゲティという名は、マサイ語で「果てしない平原」を意味する——もっとも、実際は四方を湖、険しい丘陵、農地で囲まれているのだが。

セレンゲティは生態系のるつぼだ。時も空間も、ここだけ世界から切り離されているように思える。1909年にセレンゲティを訪れた米大統領セオドア・ルーズベルトは、更新世の景色だと述べた。「人類の遠い過去をかいま見るようだ……狩猟に適した動物のなんと多いことか。数も限りなく、種類の多さも格別だ」

ルーズベルトの目的は狩猟だったが、その半世紀後に、ドイツの環境保護活動家ベルンハルト・グルチメクもやはりここを「原始時代の自然」と称した。グルチメクは初めて大移動の地図を作り、『セレンゲティは滅びず』のタイトルで本を書き、映画を制作した。この作品はセレンゲティ保護宣言となった。

上
走るコーブ
南スーダンを移動中のシロミミコーブ。写真は航空調査の一環として2007年に撮影された。これを見ると、22年に及ぶスーダン内戦を少なくとも80万頭が生き延び、毎年恒例の壮大なる大移動を続けていることがわかる。

実際のセレンゲティは、自然がまったく手つかずの状態で残っているわけではない。マサイ族は何世紀も前から畜牛を育てている。野生動物と家畜の共存は他の大陸では見られないものだ。近年、家畜が牛疫や犬ジステンパーを野生動物にもたらした。狩猟産業や密漁の影響も大きい。

だが、それでもセレンゲティの広大さのおかげで、動物は逆境にあってもたくましく生きてきた。ここの生態系には回復力があり、その機能は太古の昔とおそらく大差ない。ヌーは丈の低い草を、他のウシ科はもう少し丈の高い草を食す。ガゼルは低木の葉を好み、キリンは点在する高い木々の葉を選ぶ。

ここには450種ほどの鳥類も生息している。ハタオリドリ、ボタンインコ、サギ、ハゲワシ、ノガン、ヘビクイワシその他、種の多さでセレンゲティに匹敵する場所はほとんどないだろう。そして草の間を這っているのは世界で最も恐ろしいヘビ3種、ブラックマンバ、グリーンマンバ、パフアダーだ。

21世紀の自然保護で優先順位を考える際、セレンゲティとヌーの大移動の保護より高いものはほとんどないかもしれない。だが、草原に生息する哺乳類で、私たちが畏敬の念を抱き、保護してしかるべき動物のリストは他にもある。知名度はヌーの大移動よりはるかに劣るが、やはりウシ科のシロミミコーブも大移動を行う。毎年雨期が近づくと、少なくとも80万頭が世界最大級のスッド湿地——

毎年雨期が近づくと、
少なくとも80万頭のシロミミコーブが
ナイル川流域にある世界最大級の
スッド湿地を後にし、
セレンゲティの20倍の広さの土地を横切り、
新たな草地を目指す。

世界で最も新しい国、南スーダンのナイル川流域にある——を後にし、セレンゲティの20倍の広さの土地を横切り、ボーマ国立公園や隣国エチオピアのガンベラ国立公園を目指す。移動中のシロミミコーブの群れは数十キロメートルに及ぶこともある。旅する土地に柵はなく、ときおり畜牛の姿があるだけだ。

20世紀末から20年あまり続いたスーダン内戦時、生態学者は昔から続くこの大移動の実態をつかめず、動物たちは内戦の犠牲になったと考える者が多かった。だが、コーブを始め、同じウシ科のチアンやナイル・リーチュエ、イボイノシシ、モンガラガゼル、リードバック、ダチョウなど、移動する動物は内戦の影響をあまり受けなかったように思われる。現在では、平和の訪れが経済開発の引き金となり、こうした動物の将来を脅かしかねないというのが主な懸念事項となっている。

生物の大移動は、ほとんどが草原を舞台としている。アフリカが多いが、すべてではない。北米のツンドラでは、カリブーの大群が冬の採餌地であるカナダの凍てついた森と、夏の繁殖地とを行き来する。最大の群れは20万頭にも達し、移動時に渡る大河の名前をとってポーキュパイン群と呼ばれている。アラスカの北極海に近い草原まで、往復1500キロメートルの旅は、陸上動物の移動では最も長い。カリブーを狙うグリズリーやイヌワシ、オオカミ、人のハンターが長距離にわたり追ってくる。移動ルート沿いの山村で暮らす人口7000人のグウィッチン族もカリブーを狩る。

カリブーは追跡者の存在に慣れているが、大移動の成功を脅かす要因が2つある。まず、気候変動により、越冬地の積雪量が増えていることだ。雪が深いと移動に時間がかかるうえに、渡らなければならない流れの急な川が雪解けにより増水する。また、夏の気温がより高くなると、繁殖地で新芽の出る時期が早まり、カリブーが到着したときには食べ頃を過ぎていることが多くなる。

もうひとつの要因は、人の侵入だ。今では採餌地に石油掘削装置がある。

116−117頁

涼むカリブー

アラスカの北極野生生物国家保護区からの移動中に休憩する、ポーキュパイン群のカリブー。蚊の大群に襲われるカリブーにとって、堆雪ポケットはひと息つける場所だ。カリブーは6月上旬、出産して1カ月経たないうちに移動を開始する。沿岸部の草地伝いに大群で南下し、越冬地であるアラスカまたはカナダのユーコン準州をめざす。

陸地の5分の1以上が草に覆われている。草原は大型獣や捕食者が支配する広大な土地だ。

最近まで、カリブーにはアラスカの北極野生生物国家保護区があったのだが、2017年の末、連邦政府は石油やガスの掘削のために保護区を開放した。これはカリブーに悲惨な結末を招きかねない。

陸地の5分の1以上が草に覆われている。草原は大型獣や捕食者が支配する広大な土地で、見た目も呼び方もさまざまだ。ステップやサバンナ、プレーリーやパンパ、セラード、ベルド、タソックその他、北極のツンドラから熱帯地方まで、山間の谷から海岸平野まで、うっそうと茂った熱帯雨林の木陰から乾燥した砂漠の端まで、草原はいろいろな場所にある。一部に森林やぬかるんだ氾濫原を含むことが多い。生えている草は、草食動物に適した丈の低いものもあれば、エレファントグラスなど最大の肉食獣ですら身を隠せるほど丈の高いものもある。

草原は、森から出てきた人類が初めて栄えた場所でもある。私たちの遠い祖先は草原で動物を狩ることを覚え、草の種子に栄養があることを知った。

生きる技術を身につけるにつれ、人類は肉がおいしくおとなしい動物を飼い慣らし、繁殖させ、穀類を栽培して小麦や大麦などの品種を作り上げた。人口が増えるにつれ、人類は野生を排し、自分が育てている動物や作物を柵で囲うようになった。草原は地球が初めて「私たちの惑星」となった場所なのだ。

今日、地球最大の草原はユーラシアのステップだ。ヨーロッパのルーマニアからウクライナ、ロシアを通り、中央アジアのカザフスタン、そしてモンゴルと中国のゴビ砂漠と接するまで、ほとんど途切れなく広がっている。ステップには昔からウシ科のサイガ、モウコノウマ、モウコガゼル、フタコブラクダが生息している。ウマを初めて飼い慣らしたのはこの草原で、遊牧民はウマを利用し大帝国を築いた。800年ほど前、チンギス・カン率いる騎馬隊がステップの大半を支配した。ひと続きの内陸帝国としては史上最大である。

草原には広さと移動が常に関わっている。森林とは異なり、草原の生態系を支配しているのは動物なのだが、雨の降る季節は限られているため、草の育つ季節も限られる。したがって、動物には雨期に合わせて移動できる空間が必要なのだ。草原は草が生えているだけに見えるが、草原の生態系は〔構成が絶えず変化している〕動的生態系でもあり、自然現象による撹乱からしばしば恩恵

118頁

長い旅
夏の草地が広がるカナダのアイブバビク国立公園を後にするポーキュパイン群のカリブー。子どもの姿もある。ポーキュパイン群は非常に大きな群れで、移動開始時はグループにより異なる。昔ながらのルートで、何百キロも離れた越冬地に向かう。

**セラードは植物の固有種4000種以上を抱え、
おそらく世界で最も多様な生物のいる草原である。
50年前には開拓されていなかった。
今日ではブラジルの作物の
70パーセントが生産されている。**

を得ている。火災は草原にとって不可欠とも言える。火災により養分が再循環し、死んだ物質が取り除かれ、森の侵入を防げるからだ。毎年、世界のどこかでアメリカの半分ほどの広さの草原が火災に遭っている。

動物による食草も欠かせない。歯で食いちぎられ、蹄で踏みつけられることで草の生長が刺激され、木々の生長が抑えられる。アフリカのヌーやシマウマ、ユーラシアのレイヨウや野生馬、北米のシカやバイソンなどの草食動物が、何百万年も草原を維持してきたのだ。

人類も積極的に草原を管理してきた。アメリカ先住民のハンターたちは、ヨーロッパ人が大陸にやって来るはるか以前に、バイソンが草を食むグレートプレーンズを焼き、変容させていた。オーストラリア奥地で、アボリジニも同じことをしていた。ただ、積極的と言っても限度がある。野焼きをしすぎたり、食草量が多すぎたりすると草は育たず、生物多様性は減少し、土壌は浸食される。ヨーロッパ以外の国々では、19世紀末から20世紀初頭にかけてヨーロッパ産の羊や畜牛が草を食し、踏みつけた結果、野草が生えなくなった牧草地が膨大な面積に上った。

オーストラリアでは、カンガルーやウォンバットなど固有の草食動物は足裏が肉厚で、草にさほど負担をかけない。だが、入植者が1億頭ものヒツジを奥地で放牧したところ、草地は蹄で踏みつけられ、大部分が砂漠と化した――砂漠化が止まったのは、入植者がより頑丈な草をヨーロッパから導入してからだった。奥地は生き延びたものの、かつての風景は見る影もないほど変貌した。

20世紀には、世界中で多くの草原に人の手が加えられるようになった。ソ連の技術者たちは中央アジアの広大な緑地を綿花畑に変え、連続栽培を行えるようにした。アラル海が干上がったのは、この綿花畑に灌漑用水が引かれたためだ。

ブラジルは広大な草原セラードを大豆とトウモロコシ畑に変えつつある。これは生態学的にアマゾンの森林伐採に比肩する惨事だ。セラードは植物の固有種4000種以上を抱え、おそらく世界で最も多様な生物のいる草原である。

セラードは50年前には開拓されていなかった。丈の高い草が生い茂り、畜牛の群れと先住民集団が、ジャガーやアルマジロ、オオアリクイ、アオコンゴウ

インコ、バクなどと共存していた。1961年、ブラジルはセラードの中心部に新しい首都ブラジリアを建設し、それ以降、セラードの4分の3が耕地と化した。

今日、セラードではブラジルの作物の70パーセントが生産されている。おかげでブラジルはコーヒー、鶏肉、砂糖、エタノール、たばこ、オレンジ果汁だけでなく、大豆、牛肉、綿花でも世界最大の輸出国の仲間入りをした。空を飛べないアメリカダチョウの仲間である固有種2、3種は今でも大豆畑の一部で見かけるが、他のほとんどの野生生物はすっかり姿を消した。植物の固有種がどのくらい失われたのかは、誰にもわからない。

他の草原では、ハンターも大きな打撃を与えてきた。かつてステップで最も多く見られた大型哺乳類はウシ科のサイガで、何千万頭も生息していた。ところが1990年代、ソ連の崩壊によりステップの大部分は無法地帯となった。サイガの主な生息地であるカザフスタンでは、ハンターが自動小銃を手にオートバイを乗り回し、サイガの角を漢方薬の原料として中国に売りつけた。群れはほとんど姿を消した。わずかに生き残った者も、生息地を道路、鉄道、国境のフェンスなどで囲まれていった。2015年、ある群れに発生した肺感染症がまたたくまに広がり、サイガはまたも絶滅の危機を迎えた。

上
花の盛りを迎えたセラード
開花したホシクサ科の仲間(*Paepalanthus*)。ブラジルのセラード保護地域のひとつヴェアデイロス平原国立公園にて。この草原に生息している植物種の35パーセント以上は固有種で、世界で最も生物の多様な草原なのかもしれない。

122–123頁
セラードの大型動物
シロアリやアリの巣を求め、鼻を利かせながらセラードを進むオオアリクイ。ブラジルのセラ・ダ・カナストラ国立公園にて。この広大な公園は、残存するセラードのうち最も重要な南部を保護している。

草原の大型動物を復活させるには、何よりも空間が必要だ。世界の多くの地域では、農地を元の自然の状態に戻す再自然化が強く求められている。

でも、暗いニュースはもういい。希望はある。世界の草原を蘇らせ、大型動物相を取り戻すときがついに訪れたと言えるかもしれない。モウコノウマを例にとってみよう。このウマには発見者である19世紀のロシア人探検家にちなんだ、プルジェワリスキーウマという名もある。当時はモンゴルの山々に生息する最後の野生種のウマと考えられていた。1960年代末、野生のモウコノウマは狩猟によりすでに絶滅し、動物園に12頭ほどが残るだけとなっていた。飼育下の繁殖プログラムが開始され、1992年には最初に生まれた子どもたちがモンゴルの野に放たれた。モウコノウマはごく初期に飼い慣らされたウマの親戚で、家畜ウマの野生の祖先に最も近い現生種でもある。今日では2000頭ほどがステップ全域で野生に返されている。ウクライナのチェルノブイリ原子炉周辺の立入禁止区域にも小さな群れがいる。放射線汚染は若干あると報告されているが、人間のいなくなった空間で、モウコノウマは元気に暮らしているように見える。

草原の大型動物を復活させるには、何よりも空間が必要だ。昔の草原の名残はどの程度かと言うと、かつての3分の1は農地または宅地として失われ、現在正式に保護されているのは7.6パーセントにすぎない。ただ、温帯では草原のほとんどに農地が組み込まれているのに対し、ツンドラや熱帯では3分の2以上が残っており、その多くはまだ柵もなく、固有の草に覆われている。

国内における草原の比率では、アフリカ諸国が上位を独占している。草原の「至宝」セレンゲティを擁するタンザニアとケニア、そしてベナン、中央アフリカ共和国、ボツワナ、トーゴ、ソマリアがトップだ。現在残っているこうした草原を保護するのはもちろんだが、世界の多くの地域で、農地を元の自然の状態に戻す再自然化が強く求められている。取り組みは緒に就いたばかりだが、観光、自然保護、外国の家畜を育てるためといった目的で、意図的にかつての草原を蘇らせる試みが始まっている。

再自然化の取り組みは西欧や中欧で盛んだ。ポルトガルから黒海沿岸のドナウ川デルタまで、そしてイタリアのアルプス地方の草原からサーミ族が暮らすラップランドのトナカイ放牧地まで各地に広がっている。だが、現時点で最も要望の声が高まっているのは北米である。

124頁

ステップの生残者

カザフスタンのステップに生息しているオスのサイガ。長い鼻は極寒と平原の土埃に適応したもの。レイヨウの仲間であるサイガは、かつてはユーラシアのステップに何百万頭も見られたが、ソ連崩壊後、肉やオスの角目当てで大量に殺された。サイガの角は漢方薬に用いられるのだ。法と秩序が戻り、サイガの生息数は増え始めたが、2015年には異常な高温と湿度により細菌性肺感染症が流行し、20万頭が死んだ——生息数の半分以上だ。それでも、サイガは速く個体数を増やしていけるため、密猟からしっかり守り、主要な草地と昔ながらの移動ルートを残してやれば、再びステップに数多く見られるときが訪れるかもしれない。

126—127頁

再び故郷の地へ

絶滅間際から復活し、かつて栄えていた地で丈の高い草を食むヘイゲンバイソン。アメリカに何百万頭もいたバイソンは、19世紀にはわずか350頭まで減少したが、その後生息数は徐々に増えている。北米のセレンゲティ再現に必要な草原の面積も増えている。

地球上の野生生物は、過去半世紀で半数が姿を消した。だが、バイソンが生息できる空間を私たちが見つけられるのであれば、他の大型動物相が復活する空間だって見つけられるはずだ。

129頁

オスのバイソン

丈の高い草のプレーリーが広がるミネソタ州のブルー・マウンズ州立公園に生息するオスのバイソン。アメリカではほとんどのバイソンの群れに畜牛の遺伝子が入っているが、このオスの群れは純血種で、じきに他のプレーリー保護区にも純血種のバイソンを導入できるだろう。畜牛との交雑種はより小型で寒さに弱いため、プレーリーの厳しい冬に耐えるには純血種の導入が非常に重要だ。

130−131頁

移動するプロングホーン

厳しい冬を逃れるため、ワイオミング州のグランド・ティトン国立公園の草原から南に移動しようとして柵と格闘するプロングホーン。一番下の鉄線だけは、プロングホーンがくぐれるよう、有刺鉄線を使っていない(彼らはジャンプできない)。プロングホーンは開けた土地を好む。どんな捕食者からも逃げ切れる快足を頼りにしているが、この群れは目的地までに約70カ所の柵を越えなければならない。ほとんどの柵はなんとかくぐり抜ける。草原に生息するほとんどの草食動物にとって、新鮮で栄養価の高い草を探せる広い空間は欠かせない。

かつて北米のグレートプレーンズには6000万頭ほどのバイソンをはじめ、クーガー、オオカミ、グリズリー、ヘラジカが生息し、5億頭のプレーリードッグが巨大なコロニーをいくつも築いていた。この自然の恵みに頼って生きていたアメリカ先住民は1000万人ほどだった。

だが、旧世界から来たヨーロッパ人たちはすべてを踏みにじった。アメリカ先住民は征服され、19世紀後半の数十年間に多くのバイソンが殺された。それは人間が大型哺乳類に対して行った最大級の大量殺戮で、目的は先住民の食料源を絶つこと、畜牛や作物を育てるための空間を作ることだった。バイソンの革も目当てで、また単に殺しを楽しむためでもあった。19世紀末に生き残っていたバイソンはわずか350頭ほどだったが、ここから数が増えていった。

今日グレートプレーンズに生息するバイソンは50万頭に達しつつある。もっとも、その大多数は純血種ではない。カナダとの国境に近いモンタナ州北部では、裕福な慈善家たちが融資し、老朽化した牛の飼育場に付属する未耕作の牧牛場3万7200ヘクタールあまりを公有地の3倍以上の価格で借り上げ、自然保護地「アメリカン・プレーリー・リザーブ」を設けた。その使命は、保護地を120万ヘクタール以上に拡大することだ。

慈善家たちが資金援助しているのはバイソンのためばかりではない。他の動物、たとえば北米最速の陸生哺乳動物であるプロングホーン、オオツノヒツジ、プレーリードッグ、クーガー、北米で最も絶滅が危惧されている哺乳類のひとつであるクロアシイタチ、そしてタカやイヌワシなどプレーリーに生息する鳥類も含まれている。究極の目標はアメリカにセレンゲティを再現することである。そのために、バイソンは欠かせない。バイソンが草を食み、草を踏みつけ、さらに草の上で転げ回る習性までもが、かつて生えていた草種の回復に役立ち、昆虫の活動を促し、野火を抑える。

では、バイソンが戻ってくれば、世界の大草原再生の始まりとなるだろうか? 他所でも野生動物が戻る先駆けとなるのだろうか? 地球上の野生生物は、過去半世紀で半数が姿を消した。だが、バイソンが生息できる空間を私たちが見つけられるのであれば、他の大型動物相が復活する空間だって見つけられるはずだ。

ほとんどの砂漠は、不毛で生物のいない荒れ果てた場所とはほど遠い。独自の生態系を持ち、他の地域では見られない特殊な適応を果たした動植物を擁している。

アフリカ南西部のナミブ砂漠は世界最古の砂漠だ。5000万年以上も昔から乾燥した世界が広がっている。この砂漠と比べたら、6000年前にはみずみずしい緑に覆われていたサハラ砂漠など、新参者のように思える。ナミブ砂漠は極限の世界でもある。気温は60℃に達し、砂丘の高さは300メートルを超える。生息しているのはこの世界に適した生物だ。ナミブ砂漠の植物3500種のうち、半分はここでしか見られない。ウェルウィッチアという低木には葉が２枚しかないが、1000年も生きることができ、たまに雨が降ると勢いよく生長する。

ナミブ砂漠には、ヘビからシマウマ、ノガン、そして乾いた砂を泳ぐように進むチチュウカイモグラに至るまで、あらゆる動物の砂漠バージョンが生息している。大型のレイヨウであるオリックスは、体温45度まで耐えられる。全身に細い血管が巡り、脳に向かう血液が冷やされるなど、生理的にも行動面でも暑さに適応しているからだ。

砂漠に生息しているゾウの個体群は、足がとても大きいという特徴がある。砂地を歩くために適応したのだろう。水気の多い植物を求め、何日も水を飲まずに歩ける。砂漠のゾウは賢い。家族単位は平均より小さく、母親は干上がった河床の下に隠れている水の見つけ方や、食べられる植物が生えている遠い場所などを子どもに教える。こうした文化知識があるからこそ、この個体群は砂漠で生き延びていけるのだ。

ナミブ砂漠には甲虫もたくさんいる。何千万年も前からある砂漠だけに、甲虫の多くは大西洋沖で発生して流れてくる海霧から水分を得られるよう適応した。湿った空気を察知すると砂丘のてっぺんに駆け上がり、結露した水が体を伝って口に入るよう逆立ちのような姿勢を取る。なかには結露を最大にすべく進化し、体の隆起部に幾何学模様をつけたものもいる。科学者はこの模様を真似て、水を捕らえる素材を人間のために開発している。

では、砂漠は保護すべきなのだろうか？　私たちは砂漠の拡大を食い止めることに気を取られがちだ。乾燥地の管理の失敗と気候変動が相まって、メキシコからモンゴルまで、サハラ砂漠南端のサヘルからインドのタール砂漠まで、砂漠化への懸念が生じている。中国の中央にあるゴビ砂漠は、毎年ロンドンの2倍以上の面積を呑み込んでいるという。国連の推測によると、世界の乾燥

132頁

砂漠を生き抜く者
ナミビアのナミブ砂漠の砂丘を渡るオリックス。砂漠の生活に適応し、体内に水を貯えて体温が上がりすぎないようにできる。比較的涼しい早朝と夕方がいちばん活発だが、非常に暑いときは夜だけ活動する。ウリ科のアカントシキオスなど水分の多い植物を探し、球根や塊茎を掘り返す。オリックスは、比較的毒性の強い多肉植物を消化することもできる。

この水が地表に出ている場所には
天然のオアシスがあり、
豊かな砂漠の生態系を支えている。
だが……砂漠に灌漑農場を作り、
送水ポンプでこの地下水を汲み上げており、
オアシスは干上がりつつある。

地の5分の1が植物の消失や土壌劣化の危険にさらされている——米国に匹敵する面積だ。

だが、砂漠化の進行は食い止めたいとしても、今ある砂漠は大切にはぐくんでいく必要がある。ほとんどの砂漠は、生物のいない不毛な地とはほど遠い。独自の生態系を持ち、他の地域では見られない特殊な適応を果たした動植物を擁している。植物は水を蓄えられるよう茎が膨らみ、根系も特殊なものに進化した。小動物は暑さを避けるため、地下に潜るか夜間のみ行動する。

チリ北部のアタカマ砂漠には、何十年も雨が一滴も降らない地域がある。だが、雨が降ったときは数時間で種子が芽を出す。2017年の降雨の後、アタカマ砂漠には200種を越える植物がいっせいに花開き、色とりどりの万華鏡のような景色を見に、世界中から植物学者が駆けつけた。

また、砂漠は外部からやって来る生物種にとって安全な避難所となる。アラビア半島のみに生息する絶滅危惧種のペルシャウは、ペルシャ湾やアラビア海に浮かぶ砂漠のような島々に巨大なコロニーを作る。ヒナのために毎日海まで魚を捕りに行かねばならないが、その苦労は報われている。捕食者は島の環境では生きられないため、ヒナは安全なのだ。

砂漠は世界に対し、驚くべき機能も果たしている。砂漠の砂嵐は、痩せた土が大地から吹き上げられ、まるで自然のメルトダウンのように見えるが、生命に恵みをもたらしている。砂漠のミネラルが遠い熱帯雨林を肥やしているのだ。リンの豊富なサハラ砂漠の砂塵は、毎年数億トンも風に運ばれて大西洋を越え、その多くがアマゾン流域に落ちる。アマゾンの森には植物の生育に欠かせないリンが不足している。サハラの砂塵がなくなっても、この世界最大の熱帯雨林は生き残れるだろうか？　おそらく無理だろう。

砂塵には鉄も含まれている。鉄は遠洋のプランクトンの成長に欠かせない。大西洋に含まれる鉄の4分の3はサハラ由来だという。砂漠の砂嵐がなければ、海の一部はまさに砂漠と化すだろう。このように砂漠は貴重なものだが、他の生態系と同じく、人間の愚かな活動のために存続が危ぶまれている。クウェートなど湾岸諸国では、都市基盤が砂漠に広がり、砂丘システムを破壊している。

アメリカでは、オフロード車が同じことをしている。他の砂漠では、環境への影響などほとんど考えず、砂漠の下に眠る鉄鉱石やリン、ウラン、ダイヤモンドの巨大な露天採掘場が作られている。しかも、どの砂漠でも農民が入り込む危険がある。

一部の砂漠、とくにサハラ砂漠とアラビア砂漠では、砂地の下に莫大な量の水が眠っている。乾燥していなかった時代の名残だ。この水が地表に出ている場所には天然のオアシスがあり、砂漠の豊かな生態系を支えている。だが、サウジアラビア、リビア、ヨルダンその他の国々は砂漠に灌漑農場を作り、送水ポンプでこの地下水を汲み上げており、オアシスは干上がりつつある。

砂漠の端では、最大の環境破壊は農民によってもたらされることが多い。生き延びることが大変な環境下で、自然の脆弱な生態系を破壊するリスクのある農法が採用されている。だが、そんな農法に頼る必要はないのだ。人口過密な世界では、自然保護のために土地を手放せるとは限らないが、砂漠の端であれば、もっと良い方法がある——自然と折り合いをつけ、ダメージをこれ以上与えないようにし、生態系の回復を可能にする方法が。

20年前、サハラ砂漠の端に位置するニジェールでは、多くの地域が砂漠に呑み込まれると見なされていた。作物の収穫量は減少し、農民は土地を手放しつつあった。だが、その後ニジェールの風景は一変した。政府の専門家は、

上
アラビアの希望
自動撮影カメラが捉えたアラビアヒョウ。オマーンの砂漠地帯ドファールの縄張りをパトロールしている。アフリカヒョウより色が薄く小柄なアラビアヒョウは、砂漠に適応した亜種だが、アラビア諸国の大半で絶滅した。最大の個体群(わずか60頭程度)はドファールで生き延びている。

大西洋に含まれる鉄の4分の3は
サハラ砂漠由来だという。
砂漠の砂嵐がなければ、
海の一部はまさに砂漠と化すだろう。

137頁

肥料としての砂漠

衛星写真を見ると、サハラ砂漠の砂が風に乗り、アフリカ西岸から大量に運ばれているのがよくわかる。サハラは地上最大の砂漠で、アフリカ大陸の4分の1以上を占める。その砂は定期的に大西洋を渡り、アマゾン熱帯雨林の肥やしになる。サハラの砂がなければ、カリブ諸国の多くは不毛の地となっているだろう。

畑に生える木は抜くようにと長年助言してきたが、地元の農民がこれを無視し、木々を育て始めたのが変化をもたらしたのだ。

それは偶然の出来事だった。1980年代半ば、外国で働いていた若者たちがニジェール南部のマラディ州ダン・サガ村に戻ってきた。キビの植え付けの時期がもう終わりかけていたため、彼らは畑に生えている木々を抜かず、大急ぎで植え付けをした。驚いたことに、彼らのキビは木々を抜いた隣人たちの畑のよりも生育が良かった。翌年も同じ結果となったため、村人たちは畑に残る切り株から生えてくる芽を育てた。畑の木々は浸食を減らし、その落ち葉は土を肥やし、土壌水分の維持にも役立った。やがて木々は薪や家畜の飼料その他にも利用され、さらには作物に木陰を提供し、村を風や日射しから守る働きもするようになった。

この話が伝わり、まもなく何百もの村々が同じことを始め、かつての不毛な地に2億本ほどの木が植えられた。木々はキビやソルガムの収穫量を増やし、炭素を捕捉し、砂漠の侵入を防ぐ。だが、何よりも重要なのは、人々が絶望から立ち直ったことだろう。より良い方法はあるものだ。砂漠の進行はもはや不可避とは言えまい。

不可能と思われるものを可能にしたのはニジェールの農民だけではない。20世紀半ば、ケニア中部のマチャコス地区は砂漠化の寸前にあり、手を打つすべはないと考えられていた。宗主国であったイギリスの統治者は、この地区は環境劣化の「悲惨な例」であり、「急速に岩と石と砂ばかりの乾ききった砂漠になっていく」と述べたほどだった。

だが、その当時から地元のアカムバ族は丘陵に段々畑を作って土壌を守り、雨水を集めて農業用溜池に貯留し、植樹を行ってきた。マチャコスの人口は5倍、農業生産性は10倍となったが、町は砂漠になるどころか、以前よりも緑が増している。アカムバ族が人口統計学など信じなかったからこそ、このような結果を得たのだとイギリスの地理学者マイケル・モーティモアは言う。環境を破壊するのではなく、より多くの人々が土地を改良する努力を惜しまなかった。これは、まさにアフリカが必要とする手作りの緑の革命だった。栄えるチャンスを自然に与えつつ人も生活していくとなれば、このような方法はうってつけなのだ。

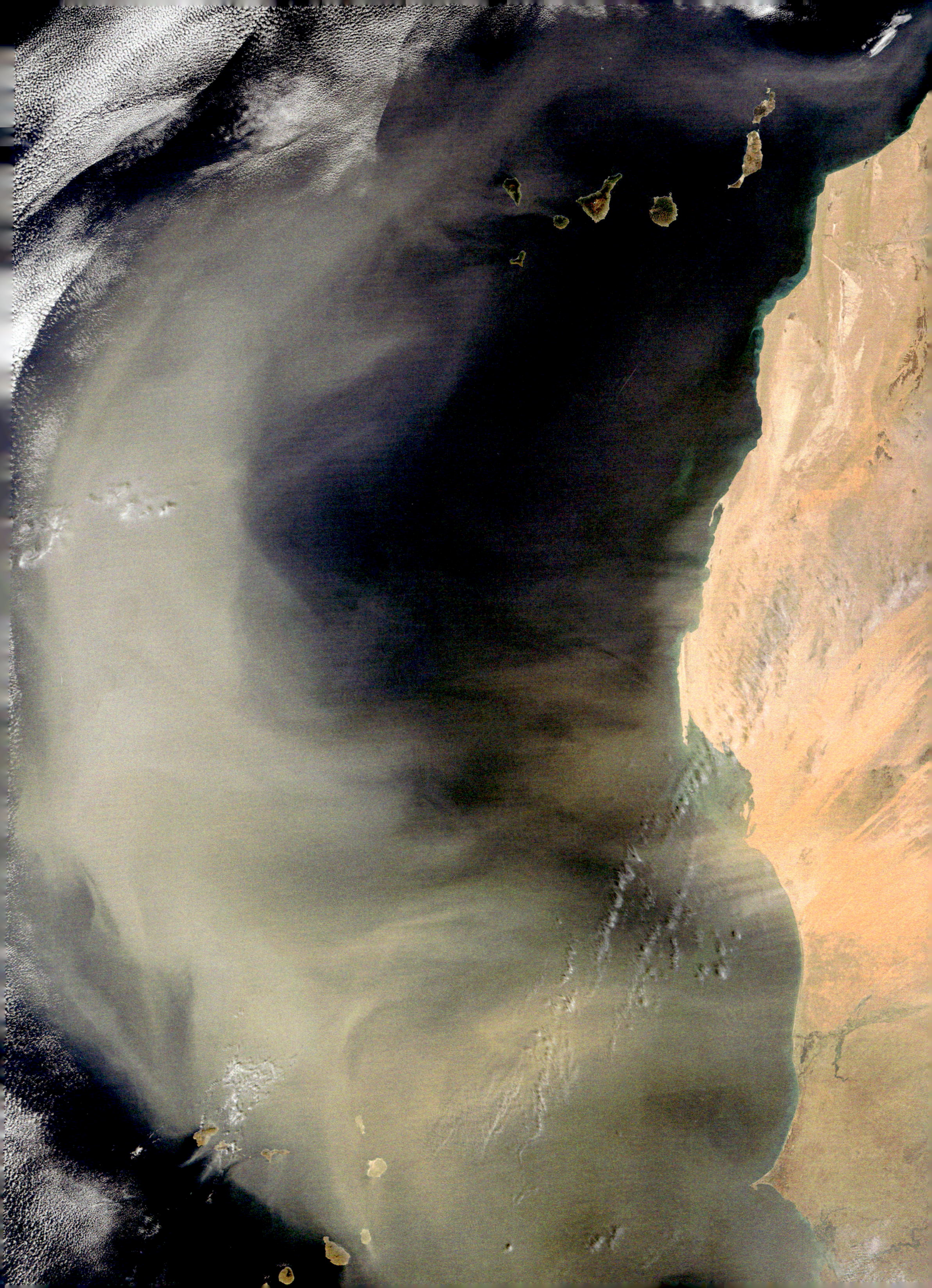

パラモ　最強の水循環

コロンビアのアンデス地方の町カコタには、白いしっくい塗りのコロニアル建築が建ち並ぶ。ここから急勾配の小道を上っていくと、霧が立ちこめ風が渦巻く草原が現れる。木々はなく、サボテンに似た奇妙な植物が点在している。植物は濡れそぼり、根を下ろしている土壌にも水がたっぷりしみ込んでいる。ここがパラモだ。

パラモは、コロンビア、エクアドル、ペルー、ベネズエラ、ボリビア、コスタリカ、パナマをまたぐ山腹にあり、面積は少なくとも700万ヘクタールはある。標高はアンデスの氷河よりは低いものの、森林限界よりは高い。湿潤熱帯高山ツンドラ地帯は地球上ここだけだ。パラモのみごとな水循環も特筆に値する。ここの土壌は他のどんな貯水空間よりも多くの水を蓄えているのだ。水は徐々に湖、泥炭湿原、泉、帯水層へとしみ込み、ついには川に入る。コロンビアでは水道水の90パーセント、水力発電の60パーセントが河川水によりもたらされている。

だが、水をたっぷり含んだスポンジを絞る力が働いている。コロンビア政府によると、今世紀中にパラモの75パーセントが気候変動と人間の侵入により消失する可能性があるという。すでに雨の降る季節は限られ、水の蒸発率が上昇している。パラモは干上がりつつあるのだ。

いっぽう、農民はより高い山腹へと移動し、ジャガイモなどの作物や乳牛を育てている。パラモでは土壌浸食が進み、それと共に水を保持する力も失われている。だが、脅威は農民だけではない。

パラモの地下には大量の金や銀が眠っている。コロンビアとFARCゲリラとの内戦が長く続いていた時期、採掘会社はパラモに近づかなかった。だが、平和が訪れた今、大儲けのチャンスが目の前にある。コロンビア政府はパラモの保護を支援すると宣言しているが、鉱物資源の開発支援も行うという。両方共に実現するのは難しいだろう。

上：コロンビアのパラモ。湿潤ツンドラに適応したバンチグラス（束状草類）とヤシのようなキク科のエスペレティアが生息している。

草原も含めた自然生態系は、
これまで人間の活動によって失われてきたが、
農業がその原因となる場合がほとんどだ。
現在残っている草原を守り、
さらに、かつての草原生息地を再現するためには、
土地の強奪者を逆にすること——
畑を自然に返すことが必要だ。

草原も含めた自然生態系は、これまで人間の活動によって失われてきたが、農業がその原因となる場合がほとんどだ。現在残っている草原を守り、さらに、かつての草原生息地を再現するためには、土地の強奪者を逆にすること——畑を自然に返すことが必要だ。幸い、食糧生産はこの数十年間に効率が大幅に上がっている。

緑の革命によって多収性作物が誕生し、人ひとり当たりの食を支えるのに必要な土地は、半世紀前の半分足らずですむようになった。この25年間、作物の収穫高は人口増加に並行して増え続けているため、耕作面積はほとんど変わっていない。世界の一部では「耕作地のピーク」に達しているのかもしれない。

良い知らせはまだある。人口増加は終わりに近づいているのかもしれない。平均家族数は減りつつある。一世代前は5、6人だったが、今日では2,3人だ。私たちの寿命は延びているものの、世界人口は今世紀末までにピークを迎えそうだ、と人口統計学者は言う。

では、自然から土地を奪う長い時代がついに終わると期待できるだろうか? いや、まだそんな時期ではない。悪い知らせもあるのだ。私たちは今でも豊かで生態学的に貴重な土地を、とくに広大な草原や熱帯地方の森林を自然から奪い、はるかに痩せた土地を自然に返している。返す土地は塩害や著しい土壌浸食により、人間にとって使い道がほとんどないことが多い。

カリフォルニア州の汚染された農地やサハラ砂漠の端の浸食された土壌を自然に返し、アマゾンやボルネオの熱帯雨林を破壊し、アフリカの草原を農地に変える。統計値には現れないものの、このようなことを続けているのなら、「耕作地のピーク」などほとんど無意味だ。しかも、世界の人口増加率は下がっていくにしても、私たちがこれまで以上に食用作物を無駄にしていたら、環境面での恩恵を受けられなくなるだろう。

140—141頁
求めるものは同じ
ゾウと畜牛が共に草地と水を求め、ケニアのアンボセリ国立公園を進んでいく。2016年撮影。マサイ族の牧畜民は、家畜の水場が干上がり、ボーリングによる掘削でも水が得られない場合に限り、家畜を公園内に入れて水を飲ませることができる。

アメリカ西部　砂漠化への道のり

アメリカ南西部の開拓者たちが変えたものはあまりに多い。彼らが入植した草原は、草食動物を受け入れる力を持ち合わせていなかった。アメリカの他のほとんどの地域とは異なり、南西部にはヨーロッパ人が畜牛を連れて来るまで、草食動物はほとんどいなかったのだ。畜牛はアメリカ西部の生態に破滅的状況をもたらした。

東部や北部のグレートプレーンズでは、昔からバイソンが巨大な群れをなしていた。草はいつも食されるため、頑丈なものとなった。また、バイソンの糞尿は土地を肥やした。だが、南西部では、いきなり何百万頭もの家畜が侵入したため、草は身を守るすべがほとんどなかった。草は丸坊主となり、風から土壌を守っていた固い地殻は蹄でぼろぼろになった。

土地の投機家たちがやって来て、今日なら砂漠化と呼ばれる現象が急速に生じた。1884年、ボストンに本拠地を置くアズテック・ランド・アンド・キャトル・カンパニー社は、アリゾナの牧草地を鉄道沿いにサンフランシスコまで、40万ヘクタール以上も購入した。牛と何百人ものカウボーイがテキサスから鉄道で運び込まれた。彼らは評判が悪く、アズテック社のアリゾナ拠点である人口250人の町ホルブルックでは、カウボーイに撃ち殺された人は1886年だけで26人に上った。アメリカ西部では、人の命は安いものだった。土地も安かった。そして、土地は無駄に使われた。

1894年、自然保護運動家ジョン・ミューアは家畜の大群を「荒れ地をもたらす……蹄のあるイナゴ」と称した。「地殻は風速100マイルの風には耐えられますが、牛はこれを破壊してしまいます」と、ユタ州にあるアメリカ地質調査所の土壌生態学者ジェイン・ベルナップは言う。

アズテックが大牧場を売却した1901年には、疲弊した土地のそこかしこに牛の死骸が転がっていた。生えていた草はわずか10年あまりで食い尽くされ、むきだしになった土壌は風に飛ばされていた。それから1世紀経った今も、土地はほとんど回復していない。土煙が北へと流され、コロラドのスキー場にばらまかれることもある。

上：今日のコロラドのカウボーイ。過剰放牧による草原の劣化を防ぐため、新たな草原に牛を移動させている。

世界全体で見ると、100億人に十分な食糧はすでに生産されている。だが、私たちの口に入るのは、収穫物の半分足らずだ。倉庫で腐ったり、消費者が腐らせたりして、多くが無駄になっている。バイオ燃料となるものもある。そして、肉や乳製品への増え続ける需要を満たすため、ますます多くの収穫物が家畜に与えられている。

現在、世界の牛、豚、羊、山羊は約43億頭で、その数は増え続けている——人間2人に1頭以上の割合だ。しかも、この数値に200億羽の鶏は含まれていない。

放牧地が不足するにつれ、畜産業は肥育場での飼育に切り替わっていく。家畜には草原に生えている草の代わりに、大豆やトウモロコシ等の作物が与えられる——フィッシュミール(魚粉)もだ。飼料用に作物を育て、それを食べて育った家畜を人間が食べる方法は、人間が作物を直接食べるよりはるかに多くの土地を要する。1カロリー分の牛肉を生産するために、穀類8カロリーが必要だ。乳製品の場合はもう少しましである。

肉食を減らして土地を節約
動物性食品、特に牛肉の消費を減らせば、草原の利用を大幅に減らすことができる。もし世界の裕福な20億人が肉の消費を40パーセント減らせば、インドの2倍の面積の土地が浮く。

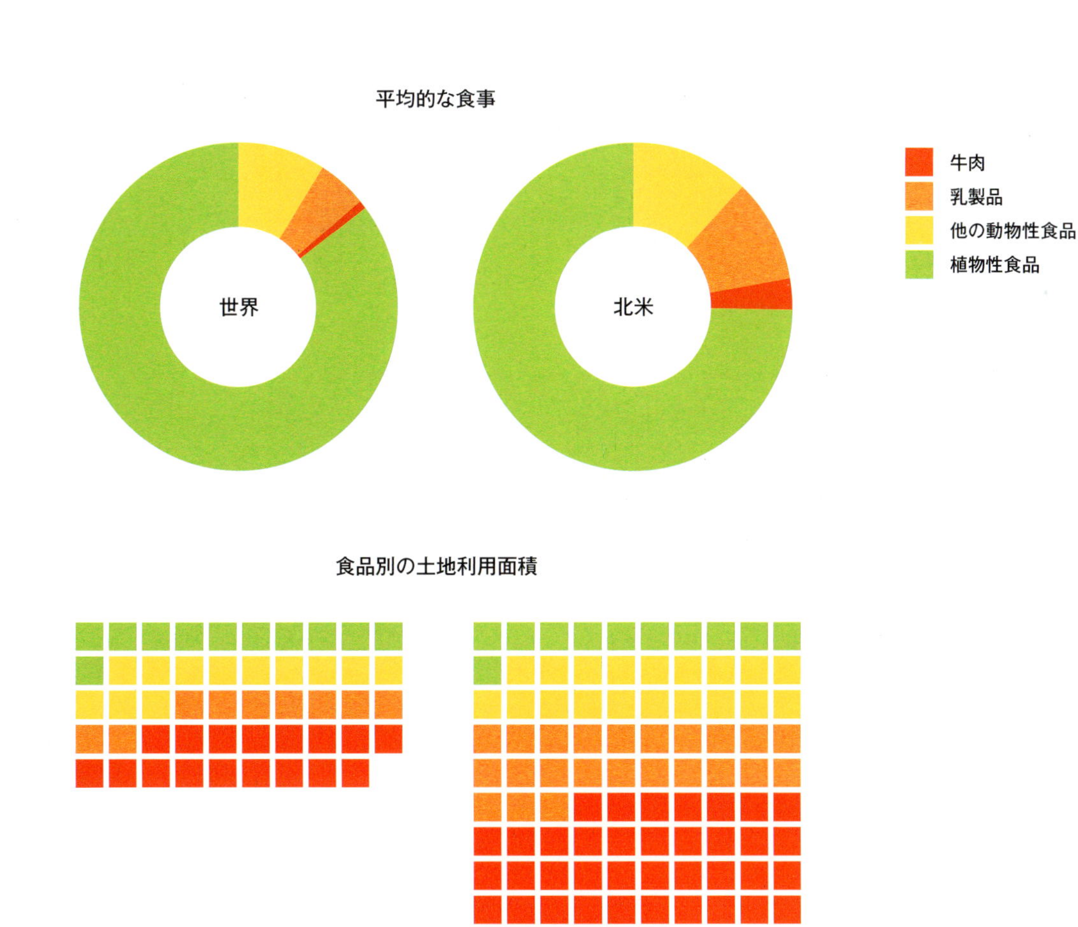

壮大な生態系の復元を実現するには、人口抑制よりも私たちの食のあり方が問題ということだ。簡単に言うと、私たちがすべきことは作物生産の効率をさらに大幅アップし、作物1トン当たりの環境への悪影響を減らすこと、そして、栽培量を減らすべく食事内容を変えることだ。

過去1世紀に行われた放牧から肥育場への転換ほど、自然生態系の消失をもたらしたものはない。たとえばブラジルのセラードは、主に中国やヨーロッパの家畜飼料用大豆の栽培のために失われつつある。私たちが作物をもっと賢明なやり方で利用していれば、自然からこれ以上の土地を取らなくても世界中の人々の食糧を確保できるはずなのだが、肉や乳製品をふんだんに使う西欧流の食事が多くの国々で取り入れられ、私たちは間違った方向に突き進んでいる。

つまり、壮大な生態系の復元を実現するには、人口抑制よりも私たちの食のあり方が問題ということだ。簡単に言うと、私たちがすべきことは2つある。作物生産の効率をさらに大幅アップし、作物 1トン当たりの環境への悪影響を減らすこと、そして、栽培量を減らすべく食事内容を変えることだ。誰もが菜食主義者になる必要はないが、生態系に壊滅的なダメージを与える食肉や乳製品への依存度を大幅に下げるべきだろう。

今後2、30年で農地が最も差し迫った問題となるのはアフリカだろう。セレンゲティや他の広大な草原、柵もなく野生動物がまだ自由に活動できる草原の未来が脅かされる。アフリカのほとんどの国々では、人口のピークをまだ迎えていない。しかも、最大の食糧不足の問題を抱えているのもアフリカなのだ。

ここ数十年で農業の収穫高を変容させた緑の革命は、今のところアフリカにはほとんど縁がない。アフリカの農民が産出する穀類は、アジアの農民の半分足らずで、欧米諸国の5分の1しかない。この差はどうしても埋める必要がある。アフリカの農場の収穫高をアジアのレベルまで引き上げられたら、多くの草原とそこに生息する野生動物は生き延びることができるだろう。もし引き上げが不可能となれば、保護区域以外は生き残れまい。アフリカの人口も世界の食糧需要も急上昇しており、最大の危機はこれから2、30年のうちに訪れるのではないかと思われる。ただ、この苦境を乗り越えられたら、草原も野生動物の大群もおそらく生き延びていけるだろう。

144頁
養鶏場のような牛の肥育場
テキサスのフィードロット(肥育場)。何百枚もの高解像度の衛星画像から作ったこの写真を見ると、何千頭もの牛を詰めこんだ多くの囲い(左)と、化学処理した糞尿池(右)があり、池の中身が流れ出て土壌にしみ込むことがわかる。しみ込んだものはやがて地下水に入る。こうした工業規模の牛肉生産は、成長ホルモン剤や抗生物質、効率のよいフィードロット構造がなければ実現不可能だ。

146–147頁
歩き回れる空間
狩りに出かけるチーター。ケニアのマサイマラにて。ここは被食者にとって理想的な、広大な草原生息地であり、国立保護区として保護されている。チーターは十分な獲物を得るために、ひと続きの広い土地を必要とするので、生息密度は非常に低い。現存するチーターの33個体群のうち、1000頭を越える群は2つしかなく、そのうちのひとつはタンザニアとケニアにまたがるセレンゲティ・マラ・ツァボ地区だ。チーターの生息数は全体的に減少している。理由は、生息地への人間の侵入、迫害、病気、そして子どもを狙った密猟だ。

FORESTS
森林　驚異の回復力

「森は静止していません。木々が鬱蒼と茂った状態から何もなく開けた状態まで、生物の生活環境は万華鏡のように変わり続けています——そして、生物種と環境の変化過程との相互作用は常に行われています。植生の遷移はどちらの方向へも向かうことができます。嵐や山火事、洪水、病気がきっかけで開けた状態となった場合、その状態を維持するのは大型草食動物です。その後、再び病気や厳しい天候に見舞われたり、とげの多い低木が栄えたりすると、木々が再び森の主役となっていきます。このような森林景観の変化には、腐植土など土中に生息しているものも、草原や開けた林地、雑木林、そして河川まで、森以外の場所で生息するものも含め、無数の生物種が関わっています。森の豊かな生物多様性を守り、回復させるためには、種の相互作用の力学を理解することが肝心です」

フランツ・シェーパース

リワイルディング・ヨーロッパ〔ヨーロッパの再自然化〕創立者、代表取締役

森には回復力があり、再生能力がある。このことは、私たちが「壮大な生態系の復元」を目標に掲げる際に大いに励みとなる。

ほとんどの森林火災がそうであるように、イーグル・クリークの火災もひとつの火花がきっかけだった。他との違いは犯人が判明したこと——15歳の少年が花火を渓谷に投げこむところを目撃されたのだ。低木の茂みが燃え上がり、火は乾いた強風に煽られ、オレゴン州のコロンビア川に沿って急速に広がった。この火災でベイマツ、ヒマラヤスギ、アメリカツガの森200平方キロメートルが焼失した。2017年9月、週末にハイキングを楽しんでいた人々にとっては恐ろしい光景だった。消防士1000名、水を投下するヘリコプター10機あまりが投入されたが鎮火できず、救いの手を差し伸べたのは2週間後に訪れた雨だった。

2017年の夏は、カナダのブリティッシュコロンビア州の温帯降雨林からカリフォルニアのジャイアントセコイアの森まで、北米大陸の太平洋側で森林火災が相次ぎ、焼失面積はベルギーの面積を超えた。火災の発端が誰であれ、なんであれ、この年の夏は並外れて乾燥していたため——この乾燥も気候変動が原因だと科学者は考えている——森林火災は例年よりも火の勢いが強かった。しかも、燃える木が多かったため、火災はより遠くまで広がった。木が多いのは、火災を抑えるべく何十年も森林管理が行われた結果だった。

イーグル・クリークがようやく鎮火したとき、今後、森林火災は回数も増え、範囲も広がるだろう、と気候学者たちは述べた。これは憂うべきことなのか？　いや、必ずしもそうとは言えない——少なくとも、森林にとっては。じつは、森林火災はハイカーや森の中に家がある人々にとっては危険となり得るが、森にとっては概して望ましい出来事なのだ。

山火事は自然に起きる。ティーンエイジャーが火を放たなくても、おそらくは雷が火を放つ。それが望ましい場合もある。かつて、生態学者は森林火災の熱と破壊力を怖れていた。だが今日では、火災は健康な森林を維持するために欠かせないものとみなされている。「火事は終わりではなく、始まりです」。オレゴンの火災専門家ドミニク・デラサラは言う。「自然が遣わす不死鳥なのです」

健康な自然林であれば、どんなに大規模な火災に遭っても木がすべて焼失することはない。ほとんどの森林は大部分が回復する。アメリカ西部の研究によると、気候変動が助長するような大火事の場合、非常に暑く乾燥している森林は回復できない可能性もあるようだが、普通の状況では、火災によって森に日当たりのよい開けた場所ができ、植物の新たな生長が促される。熱さにより発芽する種子は、火災が起きるまで土の中で眠っている。木灰は風で運ばれ、天然の肥料となる。大火事の翌春、黒い燃えさしに覆われていたイーグル・クリーク一帯には、野の花が咲き乱れていた。自然が戻ってきたのだ。

152頁
山火事の威力
カリフォルニア州のヨセミテ国立公園の大規模な森林火災は、落雷に端を発した。公園の森林管理人たちは防火帯を利用し、火が進む方向を操ったものの、消火活動はしなかった。自然現象であり、森の浄化と再生がもたらされるプロセスと考えたからだ。ところが日照り続きで山火事は激しさを増し、秋から冬にかけて訪れるはずの雨が遅れたため、通常よりはるかに長く燃え続けた。

150–151頁
すばらしい北方林
フィンランド北部のオウランカ国立公園の一部をなす北方林。伐採が行われていない自然林だ。寒冷気候で生長する期間が短いため、樹種はわずかしかない。ここではオウシュウトウヒが優勢で、川の流域の氾濫原や山火事で空き地となった所にはカバノキの仲間のヨーロッパダケカンバやヨーロッパシラカンバが生えている。

本章扉
雨の多い森林
アメリカ西海岸、オレゴン州の温帯降雨林。人の影響はあるとしてもごくわずかだ。

人が入り込まない場所を設けたら、自然はきっと森林を含め、本来の姿に戻してくれるだろう。

森林に火事は欠かせない、とスティーブン・パインは言う。彼は消防士から転身し、現在アリゾナ州立大学で火災史を教えている。「火事は森を揺るがし燃やします。それによって、閉じこめられていた栄養素が解放され、生物相が再構築されるのです」。火事に見舞われない森は生ける屍のようなものだ。1988年、アメリカの生態系の象徴のひとつであるイエローストーン国立公園に火災が発生し、3分の1が焼失した。彼は炎を見つめ、ショックを受けていたそうだ。公園はもう二度と再生しないと考える人が大勢いた。だが、30年経った現在、森は再生を遂げている。今にして思えば、あの火事は春の大掃除のようなものだったのだ。公園の森林管理人たちは、火事はぜったいに起こしてはいけないとかつては考えていたが、今日では生態系が定期的に更新されるよう、自ら小規模な火事を起こして森を管理している。

この話は世界の多くの森でも通用する。森は火事に適応し、火事に依存しているのだ。ここから3つのことが見えてくる。まず、再生のためには破壊が必要であること。次に、自然は力強く、永遠に変わり続けていること。そして、人新世で最も重要と思われるのが、森には回復力があり、再生能力があるということだ。この点は、私たちが「壮大な生態系の復元」を目標に掲げる際に励みとなる。

人が入り込まない場所を設けたら、自然はきっと森林を含め、本来の姿に戻してくれるだろう。

人間は昔から森と関わってきた。民話には魔法の森がたくさん登場する。神聖な場所があり、空き地にはいちめんに花が咲き、蝶や小鳥が舞っている。だが、危険な雰囲気を漂わせた森も登場する。鬼が住み、悪いことが起こる場所。そんなストーリーは、森が北半球のほとんどを覆っていた時代を反映したものだ。北米全域、ヨーロッパからロシア極東や日本まで、地中海周辺から現在のサハラ砂漠がある辺りまで、ほとんどが森だった——ブナ、シナノキ、カエデ、オーク、ヒマラヤスギ、マツの森が何千キロメートルも続いていた。空が見えないほど鬱蒼として暗い森もあるが、多くの森では日光が林床まで届き、多くの植物が育っていた。植物はシカなどの草食動物に食べられ、草食動物はオオカミやオオヤマネコ、クマに食べられる。頭上では鳥が枝に群がり、足下では昆虫その他の無脊椎動物が下生えの中で、森の有機物の残骸をリサイクルする。

人間は何千年も前から森の木を切り倒してきた。森に潜むものへの恐怖心のせいもあったが、主に木材を得る、切り開いて作物や家畜を育てる、居住の場とするためだった。世界の森は約半分が姿を消した。熱帯地方以外ではもっと

多い。聖書にたびたび登場するレバノンスギの森はほとんど消失した。スコットランド高地は今や地肌がむきだしになっている。南半球では、今日のオーストラリアの奥地の大部分は、アボリジニが狩猟をしやすくするため木々を焼き払うまでは森だった（火災は森に必要だが、頻度が多すぎると森は回復力を失う）。ヨーロッパの古い森は、ロシア以外では1パーセントしか残っていない。アメリカ本土では、ヨーロッパ人の移住が始まってから、森の90パーセント以上が伐採された。

世界的に見ると、森林破壊がピークに達したのは20世紀だった。伐採者はすでに斧ではなくチェーンソーを装備していた。だが、21世紀に入っても、貪欲に森林を根こそぎ伐採する動きはヨーロッパでも残っており、ヨーロッパの最も貴重な森ですら例外ではない。

ポーランドとベラルーシの国境にまたがるビャウォヴィエジャの森は、世界遺産に登録され、ヨーロッパ大陸の最大かつ最も保護の行き届いた最後の混合樹原生林と低地林生態系だ。ここには植物1000種、無脊椎動物1万2000種、脊椎動物58種を含む、さまざまな生物が生息している。ヨーロッパバイソンにとっては最大の避難所で、世界の野生集団の3分の1がこの森にいる。非常に豊かな生物多様性も、外部からの脅威に対する森の回復力も、樹齢のさまざまな木々があること、そして菌類や無脊椎動物をはぐくむ朽ちた木々が林床にあり、オオカミやオオヤマネコなどの動物が生息しているからこそもたらされる。

上
瀬戸際の森
スコットランドの西高地にたたずむオスのアカシカ。本来なら、この高地はヨーロッパアカマツに覆われているはずだが、アカシカが苗木をほぼ食べ尽くしてしまうため、再生が進まない。シカよけの柵が必要だ。かつてはオオカミがシカの数を調整していたため、スコットランドの一部地域にオオカミを再び導入する声も上がっている。

156–157頁
ポーランドの豊かな遺産
ポーランドのビャウォヴィエジャの森は、樹齢のさまざまな針葉樹と落葉樹が混ざる混合林だ。豊かな生物多様性ゆえ世界遺産に登録されたこの森は、ヨーロッパ最後の混合原生林であり、ヨーロッパバイソンの避難所でもある。

チャコの森　多様性の博物館

パラグアイのグランチャコ〔半乾燥地帯〕の中心にあるチャコの森は、南米で最も謎めいた未開の地である。この森のほとんどは立派なとげのある低木の藪に覆われているため、人は容易に入り込めない。だが、このとげの藪こそが、エクセター大学教授トビー・ペニングトンの言う「多様性の博物館」なのだ。

夏は50℃、冬は凍てつく寒さで、焼けつくような干ばつもあれば広範囲が冠水することもある。こうした極端な環境であるため、他所ではめったに見られない適応がなされ、チャコ固有の一風変わった動物も多い。ここにはオオアリクイ、バク、タテガミオオカミ、体高が人間ほどあるアメリカダチョウ、アルマジロ10種が生息している。ブタに似たチャコペッカリーは化石でしか知られていなかったが、1975年、藪の中で生体が発見された。

奇妙な植物としては、多くの巨大なサボテンや、幹がボトル形で水を貯めておける木などが挙げられる。こうした植物群落がどのように成り立っているのかはほとんどわかっていない。だが、謎を解明する時間はあまり残っていなさそうだ。

パラグアイの半分を占めるチャコは、最近まではほとんど人が住んでいなかった。例外は、外部との接触がほとんどない先住民アヨレオ族の小集団と、キリスト教の一派メノナイトに属しドイツ語を話す人々のコロニーだった。だが今では、チャコの住民は、森林を伐採して放牧地を造成する牧場主と出くわすことが多くなっている。牧場主の多くはブラジルからやって来る。ブラジル政府は近年、アマゾンの森林破壊を厳しく取り締まっているのだ。いっぽう、パラグアイ政府はこの問題にあまり関心がないように思われる。その結果、今やチャコでは世界のどこよりも急速に森林破壊が進み、90秒ごとにサッカー場ほどの森が失われている。

狂気の沙汰だ、とペニングトンは言う。「私たちは気づかぬうちに、独特な進化を遂げた植物相を失いかねない。しかも、この植物相はきわめて重要だ……。気候変動に不安を募らせているこの時代、極端な気候にみごとに適応した種を失うなど、愚の骨頂だろう」

上：伐採されたパラグアイのチャコの森。輸出用の牛を育てる放牧場となる。

分断化は、世界中の森林にとって最大の脅威のひとつとなっている。森林は農場だけでなく、道路や鉄道、パイプラインなどによっても分断されている。

ビャウォヴィエジャの森は、王室のバイソン猟地として何世紀も保護されていた。一度も伐採されたことのない場所が多く、したがって老齢のオーク、シナノキ、ニレが繁茂している。人口の多いヨーロッパ大陸で、このような森はかけがえのない存在なのだが、ポーランド政府はこの森での商業伐採を進めていた。トウヒを枯らすキクイムシの大発生に対処するためだと政府は主張したが、真の目的は他にあると生態学者たちは言う。世界自然保護基金（WWF）によると、キクイムシは何世紀もこの森の生態系を形作ってきたそうだ。森が豊かな生物多様性に恵まれているのは、朽ち木のおかげである。昆虫は朽ち木に身を潜め、原料をリサイクルして未来の生命に役立てる。欧州司法裁判所は環境保護主義者の側につき、2018年4月、ポーランド政府は判決に従うと約束した。

こうした醜聞はあるものの、森林破壊の最前線はこの数十年間に主に熱帯地方へ移っている。チェーンソーの音が響き渡っているのは、熱帯雨林は言うまでもないが、南米、アフリカ、アジアの熱帯乾林でも状況は同じで、今や世界で最も生態系が脅かされている場所のひとつとだ。ブラジル東部のアトランティック乾林は、他所では見られない生物が何千種も生息している。そのうちの一種でサルの仲間のクロガシラライオンタマリンは絶滅したと考えられていたが、1990年に再発見された。だが、あとどのくらい生き延びられるだろう？　かつては巨大な森だったアトランティック乾林は4分の3が消失し、残っている部分も土地を求める貧しい農民や、輸出用にサトウキビやコーヒーなどを栽培する大規模なプランテーションのオーナーによって分断化されている。

この分断化は、世界中の森林にとって最大の脅威のひとつとなっている。森林は農場だけでなく、道路や鉄道、パイプライン、鉄塔によっても分断されている。分断されることなく森が広がり、トラやクマなど大型の捕食・採食動物が生きていける、いわゆる「原生林景観」が見られるのは世界の森林の4分の1にも満たない。グリズリー1頭が生きるのに必要な面積は1000平方キロメートルとも言われる。クマなどの採食動物は、糞によって植物の種子をばらまきもするため、森の生態系に欠かせない存在なのだ。

地球最大の森林は北極圏ツンドラの南側をぐるりと取り囲んでいる。スカンジナビアからロシア極東まで、そしてカナダ東部からアラスカまで何千キロメートルにもわたり、カラマツやマツ、トウヒの生い茂る北方林が広がっている。広面積に及ぶ人間の居住地はほとんどない。

160−161頁
ラップランドの自然
スウェーデン領のラップランドの世界遺産、ラポニア地域の渓谷にはオウシュウトウヒが立ち並び、沼地や凍てついた湿地が点在する。気候の厳しさから、繁殖期は6月から8月と短く、樹種の数も限られる。

北方林の約3分の2で伐採が行われ、木材産出量は世界全体の3分の1を占める。それでも、残り3分の1は比較的損なわれていない。

北方林の約3分の2で伐採が行われ、木材産出量は世界全体の3分の1を占めるが、それでも、残り3分の1は比較的損なわれていない――この部分だけで100万平方キロメートル以上、おそらく世界中の木々の4本に1本はここに生えている。

北方林は1年の半分以上を雪で覆われ、マイナス50℃の寒気にもさらされる。木々の根はしばしば永久凍土に阻まれるため、たいていの木は1年にわずか数センチしか生長しない。北方林の木々は骨まで凍てつくような寒さにみごとに適応している。だが、地球温暖化が極北で最も速く進んでいることを考えると、回復力があり、永遠に存在し続けると思えるこの広大な針葉樹林の未来は確実であるとはけっして言えない。

すでに南方から昆虫が侵入してきている。夏の気温上昇により水不足となり、森は褐色になり始め、ところどころで生じる山火事はかつてない激しさとなり、樹種の混合比が変わりつつある。北方林では、山火事は珍しくなく、欠かせないとすら言える。トウヒの球果は火事によって初めて鱗片が開き、種子が放出される。だが、近年の「火炎噴射のような」山火事はほぼすべてを焼きつくし、そこにアスペンやカバノキなど落葉樹が勢力を得つつある。

こうした北方林の変化は、そこに生息する動物の運命を脅かす。カリブーの大群はカナダ北部の森で越冬し、トウヒの落ち葉の間で泡のような塊をなす地衣類を食べている。地衣類は、アスペンやカバノキの生える地面では育たない。トウヒが減っていくと、今後カリブーは何を食べて冬を越すのだろう?

生態系も動物も温暖化しつつある北のツンドラ地帯に移動するかもしれないし、しないかもしれない。極北では、自然の回復力が限界まで試されているのだ。

試されているのはシベリアトラ(アムールトラ)と、その独特の生息地も同じだ。トラはロシア極東のシホテアリニ山脈のマツの森で生き延びている。分断されていないトラの行動圏としては、おそらくここが世界でもっとも広い。トラとその餌となる動物の狩猟が厳しく取り締まられるようになり、世界最大のトラはささやかながら生息数が増えつつある。シホテアリニ山脈での生息数は、1930年代は成獣が40頭未満だったのが、今では500頭を越えているかもしれない――普通なら熱帯に生息しているトラやヒョウが、トナカイやヒグマなど北の生物と同じ山にいるという、両極端の気候の動物が混在する奇妙な世界だ。

162頁
餌をあさるクマ
ワイオミング州イエローストーン国立公園の自動撮影カメラが捉えたアメリカグマの若い個体。森に覆われた山の尾根にシカやヘラジカが作った小道を利用し、餌を探している。クマはマツの実、小動物、そして死肉も食べる。十分な餌を得るには、1頭あたりに広大な行動圏が必要だ。

164−165頁
巡回中のトラ
ロシア極東のシホテアリニ山脈で、尾根を歩くオスのシベリアトラ。『Our Planet』撮影班が設置した自動撮影カメラが捉えた写真。トラのテリトリーはじつに広く、厳しい冬を乗り切れるだけの餌が得られる場所でなければならない。トラの生存は、餌動物のシカやイノシシが冬の食料とするチョウセンゴヨウとモンゴリナラにかかっている。絶滅の危機にあるトラと、その餌動物の密猟を禁じる法律のおかげで、40頭未満だったこの地方のトラは500頭以上まで回復した。だが、ロシアの木材マフィアが行っている成木の違法伐採は今もなお大きな問題だ。伐採により森が開け、トラの餌動物の餌が減るばかりか、木の実を収穫する地元民にも影響が出ている。

転換点にあるマダガスカルのキツネザルの森

マダガスカルほど大きな島は他にない。何百万年も前からインド洋にぽつんと存在しているため、ここの野生生物は独特な進化の道を歩み、生物多様性では世界屈指のホットスポットとなった。マダガスカルには1500種以上の生物が生息しているが、その80パーセント以上が他所では見られない。たとえば、カメレオンは世界中の種の半分、騒々しい吠え声を森に響かせるキツネザルは現在残っている50種すべて、ネコに似ているがマングースに最も近く、小型のキツネザルを餌とするフォッサなどはこの島の固有種である。

だが、マダガスカルは世界でもっとも脅威にさらされている野生の地のひとつでもある。昔から存在していた森は、伐採や山火事で失われたり、放牧地が造成されたりしてほとんど消失した。とくに生物多様性に富む北部と西部の乾燥落葉樹林は、わずかに断片が残るだけとなっている。

生物の回復力は、今はまだあり、残された森の断片にはさまざまな生物が生息している。だが、この豊かさを支える連鎖のあるひとつの環は非常にもろい。複雑で多様なマダガスカルの森の生態系では、キツネザルは欠かせない存在だ。果実を食べ、種子を糞と共に散布する。過去2世紀ほどの間に果食性の大型キツネザル17種が姿を消し、そのため多くの木が繁殖手段を失った。現存種はいずれも顎が小さく、これらの木々の果実を食べられない、とエール大学のサラ・フェダーマンは言う。繁殖できない木々は「見捨てられた種」となる運命なのだ。

島の東部で優勢な広葉樹カンラン科の33種を含め、多くの木々が繁殖をキツネザルの2大現存種、アカエリマキキツネザルとシロクロエリマキキツネザルに依存している。この2種はいずれも過去30年間に個体数が80パーセント以上も減っている。もし絶滅したら、「絶滅カスケード」が起こり、2種のキツネザルが他の動物に提供している木々や生息地も失われるだろう、とフェダーマンは予測している。マダガスカルでは警告がなされているにもかかわらず、森林破壊率は上昇の一途をたどっている。もう元に戻れなくなる転換点はすぐそこまで来ているのかもしれない。

上：シロクロエリマキキツネザル。マダガスカルの森に生えるカンランの果実の散布に欠かせない存在だ。

極北では、自然の回復力が限界まで試されている。試されているのはシベリアトラも同じだ。

生きるのが厳しい時代だ。トラは長い冬をなんとか生き延びなければならない。トラの行動圏は冬の主な餌であるシカやイノシシの行動圏とぴったり一致している。いっぽう、シカやイノシシは林床に落ちている松果を食べて冬を乗り切る。トラ1頭が1年間に必要とする餌動物は約50匹、それだけの餌を得るためには600〜1000平方キロメートルという広大な狩り場が必要なのだ。

だが、トラは森の生態系から恩恵を得ているだけではない。生態系の維持に役立ってもいる。シカが増えすぎなければ、若い木々は食べ尽くされずにすむ。この関係がうまく機能し、森林生態系のバランスが保たれる必要があるのだが、人間はいまだにその回復力の限界を試している。違法伐採は後を絶たず、とくに著しいのが欧米で家具や床材に使われる貴重なチョウセンゴヨウだ。モスクワはいかなるマツも伐採を禁じているが、違法に伐採されたマツ材が中国に渡っている。中国は今でもチョウセンゴヨウの主要輸出国である。

マツが減少すれば松果も減り、腹をすかせたトラの餌も減るのは明らかだ。人間が常に狩猟や伐採を監視していなければ、トラは行動圏を維持できない。維持できなくなったとき、シベリアトラは絶滅した親戚の後を追うことになる。ジャワトラは1970年代に姿を消した。カスピトラが最後に見られたのは1998年、場所はアフガニスタンとタジキスタンの国境にある人里離れたババタグ山脈だった。

トラは人の手の入らない狩り場がないと生きていけない。だが、一部の森林は昔から草原など他の生息環境とパッチワーク状に形成されてきた。また、何千年もの間に人の活動によって形作られた森林も多い。ミオンボやモパネの森を例にとってみよう――いずれもアフリカ南部で優勢な木だ。最近までミオンボやモパネは、アンゴラ東部からジンバブエ、モザンビーク、さらにアフリカ最大級の動物保護区であるタンザニアのセルース猟獣保護区にいたるサバンナの中でパッチワークのように森を形成し、アフリカの低木地帯に生息する野生動物にとって避難所の役割を果たしていた。動物にとっての救世主は森にはびこるツェツェバエだった。このハエは、人には眠り病をもたらし、畜牛には致命的となる寄生虫の宿主であるため、農民も牧夫も森に近づけなかった。だから「アフリカ最高の猟区管理人」と呼ばれることが多い。ただ、人間の数は比較的少ないとはいえ、ミオンボやモパネの森は手つかずの状態とはほど遠い。何千年間も人が森に火を放たずにいたら、林冠が閉鎖されるほど鬱蒼とした森になっていただろう、と生態学者は言う。今日、点在するミオンボやモパネの森は、この広大な地域の住民1億人の生活を支えている。密林ではないため、サバ

168−169頁
パッチワークの1片
モザンビーク最大の保護区、ニアサ国立保護区の一部を占めるミオンボの森。タンザニアのミオンボの森につながり、サバンナの林地としてアフリカ南部に巨大なパッチワーク状の帯をなしている。密猟は行われているが、ニアサは今日でも相当数のゾウ、リカオンその他絶滅の危機にある動物の避難所であり続けている。

ンナから動物が入ってきやすい。インパラやセーブルアンテロープなどレイヨウの仲間にとって、餌となる草はふんだんにあり、日がよく射し込む場所では特に多い。こうした動物はイヌの仲間であるリカオンの群れの餌となる。かつては何十万匹もいたリカオンは、今では絶滅危惧種であり、森は最も重要な避難所かつ狩り場となっている。

興味深いことに、こうした森は、一見した限りでは破壊的としか思えないような動物の活動によって再生されている。ミオンボの森では、アフリカ最大級のゾウの個体群をなす何千頭ものゾウが低木を引き裂き木々を踏みつけ、葉や、水気をたっぷり含んだ根や、栄養豊かな樹皮を食べる。モパネの森では、毎年春になり若葉が伸びてくると、ヤママユガの幼虫「モパネ・ワーム」が大発生し、葉を食べ尽くしてしまう。

まさに森の大虐殺といった光景だが、実際はゾウもモパネ・ワームも自然の庭師なのだ。森林火災と同じく、動物による破壊も一過性のもので、これにより新たな生息地が誕生する。ゾウは森にとって貴重な朽ち木をもたらし、新芽が伸びる空間を作り出す。モパネ・ワームはその食性により、葉から林床へと栄養をリサイクルして土を肥やし、新たな木々の生長を助ける。人間が柵で囲まなければ、ゾウの群れは他所へと移動し、裸になった木々は再び新芽を吹く。いっぽう、歯ごたえの良いモパネ・ワームは人間の貴重なごちそうとなり、ジンバブエでは人気のスナックとして売られている。

このような森は活気に満ち、回復力もあるが、頑強というわけではない。ツェツェバエの撲滅運動が功を奏しつつあり、人口も急増している今日、人や畜牛が森に侵入してきている。農民が柵を築いてゾウの通り道を遮るため、ゾウは縮小した森に入るしかなく、生きるために仕方なく木々を再生不能なほど痛めつけている。

人間が森林を利用すれば、行き着く先は破壊しかない、と現代の私たちは考える。森が消失したら、もう二度と再生することはない、と。だが、歴史をひもといてみると、そんな単純な話ではないことがわかる。森の境界線はたえず伸び縮みしている。そして、森の中で暮らし、森を利用しつつも、森を破壊していない人々も存在しているのだ。

170頁

森の庭師

ジンバブエのマナ・プールズ国立公園のゾウ。川岸のシロアカシアを食べに、渓谷を見下ろすモパネの森から下りてきた。ほとんどの落葉樹が葉を落とす乾期に、シロアカシアは青葉を茂らせ、種子の入った莢を実らせる。ゾウは枝を引きちぎったり、木を押し倒したりすることもあるが、同じ場所にとどまらずに進んでいくため、木々の損傷は一時的なものに過ぎず、生じた空間には新たな芽が伸び、若い木も育っていく。ゾウが森の中に空間を作ることで、さまざまな植物が生育のチャンスを得る。また、栄養豊かな糞は肥料や他の生物の食料源となるほか、木々の種子の散布にも役立つ。

こうした動物は自然の庭師なのだ。
森林火災と同じく、動物による破壊も一過性のもので、
これにより新たな生息地が誕生する。

材木よりも木を
最近の国際的な取り組みは、世界の森林に新たな進路を示すものだ。森林に関するニューヨーク宣言は、2030年までに自然林損失に終止符を打つと誓い、森林再生を広めていくことを目標とする。多くの政府や企業がこれを支援し、宣言を採択している。

2020年
ニューヨーク宣言
自然林純損失を
年間4万5000km²未満とする

2030年
ニューヨーク宣言
自然林のすべての損失に
終止符を打つ

2020年
ニューヨーク宣言
再生中の森林を
150万km²とする

2030年
ニューヨーク宣言
再生中の森林を
350万km²とする

世界のほとんどの森林は、何千年もの間に人の手が加えられている。人は森の一部を切り開き、作物を植え、そして立ち去っていく。人が去れば森は蘇る。森の土壌には陶器のかけらがしばしば見られる。炭の残骸も多く、初期の都市の名残として地面を掘った跡があばたのように残っている。完全に自然のままのように見えても、純粋な原始林はめったにない。ほとんどが過去に切り開かれ、その後に再生したものだ。

「真の原生林というものは存在しません」と、ロンドンの王立植物園キュー・ガーデンの科学部長キャシー・ウィリスは言う。「森林は回復する力を備えていますし、実際、生態学者が人的要素を見つけられないほどみごとに回復します。2、300年も経てば、完全に見分けがつかなくなります」

森林はあらゆる点において、私たちの森なのだ。樹種も樹齢もさまざまな木々が生え、野生動物も豊富だが、人間の影響も多く受けている。20世紀の森林破壊はまさに悲惨なレベルだったが、それでも元の状態に戻せるかもしれないと希望が持てる。森林破壊は永遠に続くものと決めつける必要はないのだ。再生は容易ではないだろうが、すでに失われた世界中の多くの森林の復元は不可能とは言い切れまい。

私たちがやるべきことはたくさんある。21世紀も20年目を迎えようとしている現在、森林はまだ陸地の3分の1近くを占めている。その多くは分断化され、なかにはユーカリやアカシアなど成長が速く、伐採するために植えられたわびしい単一林もあるが、森の93パーセントはいまだに天然林だ。

173頁
戻ってきたクマ
ヒグマが木の陰から不安げに顔を覗かせている。スロベニアにて。生息している森は山の中にあり、落葉樹とマツが混生している。伐採に耐えた森で、クマは迫害に耐えてきた。今日、スロベニアは国土の半分以上が森に覆われ、500頭ほどのヒグマが生息している。今後アルプス山脈に生息地が拡大するかどうかは、狩猟により殺される数が大幅に減ること、そしてスロベニアとクロアチア間で進められている国境をまたいだ自然保護区の設定が鍵になる、と自然保護活動家たちは考えている。

森林の復元は豊かな国々の一時的な流行ではない。多くの発展途上国も森を取り戻す利点に気づいている。

まず、森をつぶすことをやめる。全世界での森林の損失率は下がり始めているのかもしれず、これも良いニュースと言えそうだ。国連によると、2010年以降の純損失は年間約6万5000平方キロメートル、アイルランド共和国ほどの面積ではあるが、20年前と比較したら60パーセントしかない。トンネルの先にかすかに見える光を早急に、もっとまばゆく光らせる必要がある。不可能ではないはずだ。

2014年、〔国連気候サミットにて〕「森林に関するニューヨーク宣言」が多くの政府やアグリビジネス大手企業――世界最大のパーム油購入者であるユニリーバをはじめ、ネスレ、ケロッグ、マクドナルド、ウォルマートなど――によって採択された。2020年までに自然林の損失率を半減させ、2030年までに森林破壊に終止符を打つという内容だ。

ただ、森林破壊に終止符を打つだけでなく、再植林も必要である。世界には、すでに回復しつつある森もある――公園や保護区内で再生中の森や、放棄された農地に進出しつつある森、伐採者が立ち去った場所で再び成長してきた森だ。アメリカ北東部のニューイングランド地方では秋に木々が美しく紅葉し、大勢の観光客が訪れるのだが、魅惑的な景色は1世紀前よりはるかに拡大している。スロバキアやスロベニアなど中欧諸国では、かつて何百もあった集団農場が今や自然の力によって、即席の森に変貌している。

このように小さな森を再生しながら、世界全体で森を復元していくのがコツだ。この点でも誓いはすでに立てられている。ニューヨーク宣言では、森林伐採地域や荒廃地の復元を2020年までに150万平方キロメートル、2030年までに350万平方キロメートル達成する、と政府や企業だけでなく、NGOや先住民グループにも誓約を求めたのだ。

まずは傷ついた森を蘇らせることから始めるとよい。伐採者や牧場主、農民に荒らされたあげく見捨てられた場所は驚くほどたくさんある。森林の土壌は痩せていることが多く、その場合人の侵入は一時的なものとなりやすい。自然にとってはチャンスだ。世界資源研究所は、荒廃した森林景観は最低でも2000万平方キロメートルはあるとしている。

このような場所は、無傷の森と比べると索漠とした印象を与え、開発向きの「不毛地」として片づけられやすい。だが、調査によると、そんな森でもかつての生物多様性をほぼ維持できているという。生物は少数ながらも生き続け、再び栄えるときを待ち構えている。私たちが土地から手を引けば、自然はしばしば本来の姿を自分で取り戻す。もし「不毛地」に森林として回復する見込みがあるのなら、世界的な森林の復元をめざすうえで真っ先にターゲットとすべきだ。

174頁
旅するオオヤマネコ
森の広大ななわばりを見回るオスのオオヤマネコ。スイスのジュラ山脈にて。ユーラシアオオヤマネコは西欧でほぼ絶滅していたが、1970年代に東欧から再び導入された。シカによる林地の食害対策の意味もあった。ヨーロッパには10の個体群があり、その一部はとくに繁栄している。イタリアやオーストリアに移された個体群もある。密猟のせいで個体群は分断され、また一部の地域ではシカ猟師から邪魔者扱いされているが、ヨーロッパ全体で見ると、生息数は現在9000〜1万頭である（ロシアとベラルーシを除く）。

176−177頁
種子をまく者
オオサイチョウのメス同士、くちばしでやり合っている。オス同士が空中戦を繰り広げるのを見て、刺激を受けたのだ。インドの西ガーツ山脈の森にて。オスは果実のなる木をめぐり、なわばり争いをする。メスを魅了できたオスは、メスと共に巣を探す。巣は木の幹の穴か、古木の太い枝だ。古木がないとオオサイチョウは生きていけない。そして森の多くの木々は、果実を食べるオオサイチョウがいなければ種子を散布できない。オオサイチョウは種子をまく者として、森の復元に重要な役割を果たしている。

ドイツでは、政府が国内の森林の5パーセントを2020年までに野生の状態に戻すとしている。

次のターゲットは、地元民が大切にしている森だ。家族を養うため、小銭稼ぎをするためなど、貧しさゆえに周辺の森を伐採する人々はいるだろう。だが、森の住民はすぐれた森林管理人となるほうが多い。森にダメージを与えるのはたいていよそ者である。

世界資源研究所によると、自治体が管理する森林は、国が管理する森林ほど破壊されないという。森の管理に最も長け、復元に最も熱心に取り組むのは、その森を誰よりもよく知っている人々なのだ。
「森林破壊を止めたいのなら、法的権利を自治体に与えることです」と同研究所所長アンドリュー・スティアは言う。

すでの多くの人々が自然林の復元という難題に取り組んでいる。スコットランドでは、かつて高地のほとんどを覆っていたヨーロッパアカマツの森、カレドニアン・フォレストを復元すべく、地元の団体が再植林を行っている。ドイツでは、政府が国内の森林の5パーセントを2020年までに野生の状態に戻すとしている。

ドイツがモデルとしているのはドレスデン北部のケーニッヒスブリュッカー・ハイデ、かつては森林だったが1992年までは軍事教練場となっていた場所だ。兵士が去ったとき、7000ヘクタール以上あるこの地は森の再生を図るため立ち入り禁止となった。兵舎やコンクリート製の掩蔽壕、練兵場はその後自然の力により破壊され、カバノキ、アスペン、マツがコロニーを作った。オオカミの群れも、少なくとも1つはこの地に生息している。

森林の復元は豊かな国々の一時的な流行ではない。多くの発展途上国も森を取り戻す利点に気づいている。自然のため、川が涸れることなく1年中水が流れるようにするため、川の氾濫や土壌浸食を減らすため、地元の気候を緩和するため、観光業に力を入れるためなど、目的はさまざまだ。

中米のコスタリカは模範例だ。森林被覆率は、1940年に75パーセントだったのが、1980年代にはわずか20パーセントに落ち込んだ。伐採した森はほとんどが畜牛の牧場となっていた。だが、政府が残っている森を保護し、新たな植林を奨励するため、土地使用者に助成金を出し始めた。その背景には、洪水や地滑りを減らす、エコツーリズムに力を入れるという目的もあった。現在、コスタリカの森は再び国土の半分以上を占め、エコツーリズムは年間20億ドルを生み出している。

178頁
立入禁止区域の自然
ドレスデンのすぐ北のケーニッヒスブリュッカーは、かつては軍事教練場だったが、今は自然保護区だ。ベルリンの壁崩壊後、ここは立入禁止となり、自然豊かな野生生物のサンクチュアリとなった。人が閉め出された結果、広大なこの土地は、湿地、荒野、砂丘も含む変化に富んだ森林景観をなし、ビーバー、シカ、オオカミを始め多彩な野生動物が生息している。

世界で最も人口密度の高いヨーロッパ大陸では、オオヤマネコだけでなく、ジャッカル、ヒグマ、クズリ、ビーバーも個体数が増えている。オオカミまでも。

181頁
東から戻ったオオカミ
ベルリン南西部、森が点在する荒野で遊ぶオオカミの子どもたち。ドイツでは19世紀に絶滅していたが、過去20年間の自然保護活動が功を奏し、オオカミはポーランドから国境を越えて戻ってきた。今日、ドイツには最低でも60の群れが確認されている。どの群れも法律でしっかり守られている。

森林復元に取り組んでいる国は他にもたくさんある。ネパールでは1970年以降、森林の自治体管理システムを導入したところ、国有林が5分の1ほど増加した。カリブ海の島国プエルトリコでは、放棄された農地に木々が戻り、森林被覆率は1960年の6パーセントから現在60パーセントまで上昇している。この国は最近ハリケーンで甚大な被害を受けたが、「20世紀後半の森林復元率は世界最高」だとラトガース大学のトーマス・ルーデル博士は言う。野生生物はこのチャンスをフルに活用している。日が落ちると、国のシンボルであるコキーコヤスガエルのオスが歌う愛のしらべが、新しい森に再び響き渡るようになった。

再植林の目的には、大型動物を呼び戻すことも含まれる。中央アジアのカザフスタンは、バルハシ湖の南岸600キロメートル沿いに森を復元しつつある。かつてトラはこの地を狩り場としていたが、70年前に最後の1頭が密猟者に殺された。新しい保護林では、中央アジア固有のアカシカの亜種、イノシシ、絶滅が危惧されるノロバなど、トラの餌となる動物をまず増やす。残念ながら、かつてここに生息していたカスピトラは30年前に絶滅し、動物園にも残っていない。カスピトラに最も近いシベリアトラで手を打つことになるだろう。

カザフスタンのプロジェクトは、全世界の野生のトラの個体数を2倍に増やすという計画の一環として行われている。この計画にはほとんどの場合、組織的にトラを野に放つことも含まれる。トラ以外のネコ科の動物は、ここまで人の手を借りずに戻りつつある。

たとえば、オオヤマネコは再び西欧の森で、好物のノロジカを追っている。狩猟禁止により、個体数は4倍の9000〜1万頭となった。世界で最も人口密度の高いヨーロッパ大陸では、オオヤマネコだけでなく、ジャッカル、ヒグマ、クズリ、ビーバー、アルプス山脈に生息するアイベックスも個体数が増え、オオカミの遠吠えも聞こえてくる。

トラは別として、野生の象徴といえばオオカミだろう。アメリカ人作家ジャック・ロンドンがいみじくも記したように、オオカミはまさに「野生の呼び声」だ。かつてはヨーロッパ全域で、ハイイロオオカミの群れが狩りをしていた。オオカミの仕業と言われる悪行の数々、村を恐怖に陥れ、家畜を襲う、そんな言い伝えはいくらでもある。野生の森が管理されてゆくにつれ、オオカミはロシアの安全な森にこっそり去っていった。イギリスで最後のオオカミが射殺されたのは300年以上も前のことだ。

だが、オオカミは今や東のロシアから戻り、ドイツやフランスからイタリア、スペインまで入ってきている。ヨーロッパの森林に生息しているオオカミは1万2000

ここで再自然化が可能なら、どんな土地でも可能ということだ。人がそれを許すのであれば。

183頁
野生動物の遊園地
ウクライナの町プリピャトは、チェルノブイリ立入禁止区域内にある。大惨事が起こる前は、4万9000人がこの町で暮らしていた。町は今や野生動物の天国の一部と化し、かつて遊園地があった辺りにはカバノキが生い茂っている。ウクライナとベラルーシにまたがるポリーシャ低地平野の60パーセントは、針葉樹と広葉樹の混合林となった。森にはヨーロッパバイソン、ヘラジカ、ノロジカ、アカシカなどが生息し、オオカミやヤマネコなど捕食者も見られる。

184–185頁
森を出て
イタリアオオカミのオスが餌を求め、アペニン山脈(イタリアのアブルッツォ州)を単独で歩いている。迫害から生き延びたハイイロオオカミの亜種で、生息地はこの山脈に限られる。1976年に保護法が制定されてから、イタリアではオオカミが徐々に戻ってきている。自然の地が拡大したこと、獲物が豊富なことも理由に挙げられる。今日、イタリアには800頭ものハイイロオオカミが生息している。

頭と推定される。森を出て線路伝いに歩き、放棄された農地をうろつき、夜には大都市郊外で狩りや餌あさりをする。オオカミは徐々にではあるが、今やキツネのように人のいる風景の一部となりつつある——主な餌であるシカが存在していれば。オオカミが人を襲うことはめったにない。森に生きる生物は、森がなくても生き延びていける場合があるのかもしれない。

オオカミは、ヨーロッパの最大かつ最も奇妙な形で復元されている森で中心的存在となっている。その森はチェルノブイリ原子力発電所周辺の放射線汚染地で、立入禁止とされた区域にある。1986年にこの原発が爆発し、放射性物質が辺り一面に飛び散った。立入禁止区域はウクライナとベラルーシにまたがり、面積はルクセンブルクの2倍に相当する。人が永住できるようになるのは、おそらく何世紀も先の話だろう。だが、約10万人がこの地から避難したことで、自然にとってはチャンスが訪れた。

世界最大のゴーストタウンとなった原発の町プリピャチを始め、何百もの村、何千もの農場を含む地で森が広がり、今では立入禁止区域のほぼ3分の2を占めている。カバノキ、オーク、カエデ、マツが生い茂る森に、非常に多くの野生生物が戻りつつある。

放射線に汚染されて荒廃した土地や、暗闇で光る動物を期待してこの地を訪れる人々には、思いがけない光景が待ち受けている。ストロンチウム、プルトニウム、アメリシウム、セシウムの同位体が混ざる森には、じつに健康そうなオオヤマネコ、ハイイロオオカミ、モウコノウマ、ムース、シカ、イノシシ、キツネ、野ウサギ、そしてヒグマも1、2頭歩き回っているのだ。ワシは餌を求めて空高く舞っている。ウクライナやベラルーシの国立公園や自然保護区よりも動物の個体数は多く、放射性物質を体内に取り込んでいるかもしれないが、どの動物も生き生きとしている。キエフにある科学アカデミー動物学研究所のオオカミの専門家マリーナ・シュクヴィリャ博士は、立入禁止区域を「クマやオオカミが支配していた過去のヨーロッパが見える窓」と呼んでいる。

放射線汚染地での再生にマイナス面はない、とは言い切れない。放射線によるわずかな遺伝子変化が後の世代で顕著になるかも知れず、生態系に大きな影響を与えることも考えられる。それでも、今日のチェルノブイリの自然はほぼ栄えていると言える。わずか30年で田園風景はヨーロッパ最大の再自然化の場となり、世界屈指の汚染地域は森の回復力を見る実地試験場となった。ここで再自然化が可能なら、どんな土地でも可能だ。人がそれを許すのであれば。

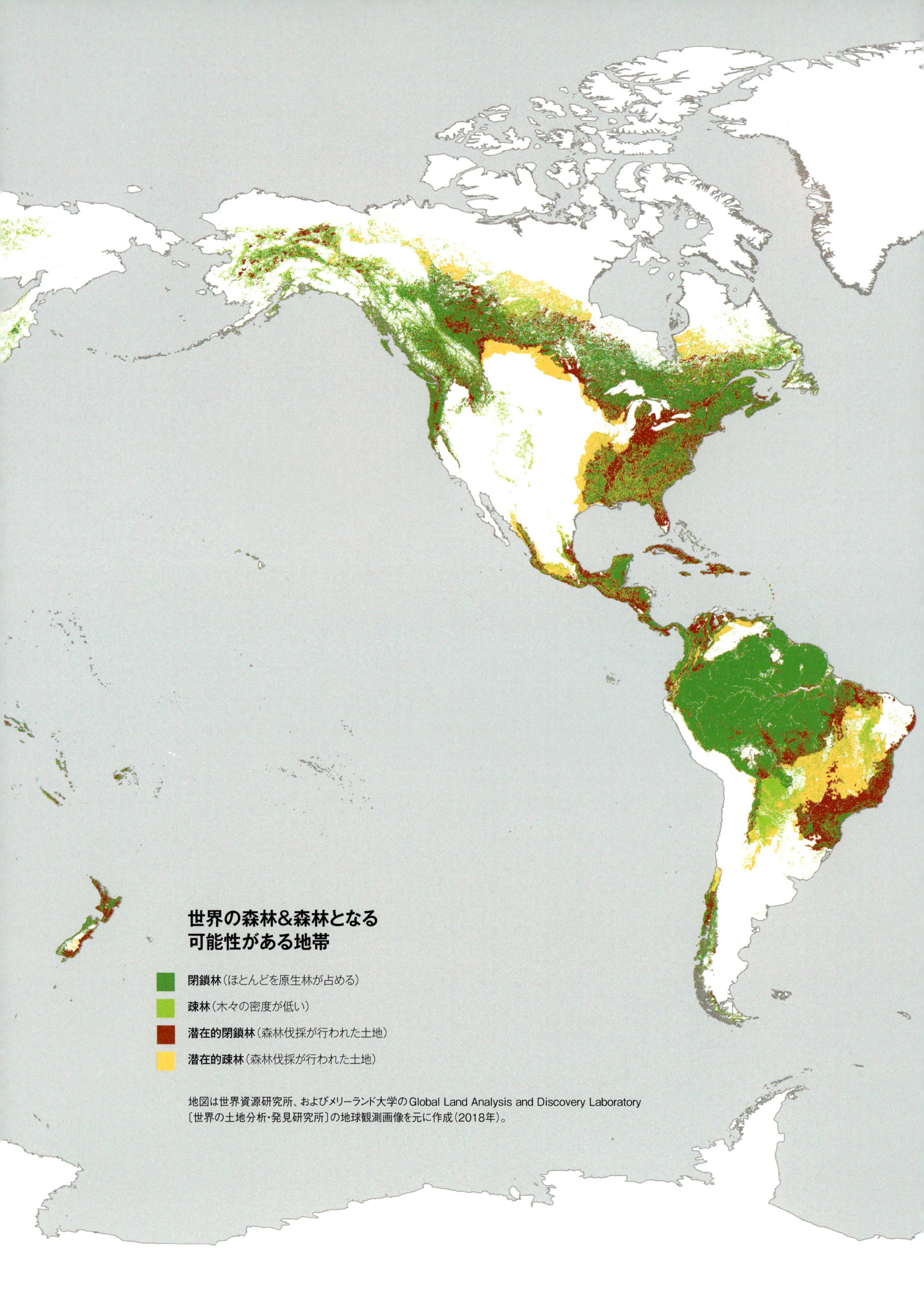
世界の森林&森林となる
可能性がある地帯
閉鎖林（ほとんどを原生林が占める）
疎林（木々の密度が低い）
潜在的閉鎖林（森林伐採が行われた土地）
潜在的疎林（森林伐採が行われた土地）
地図は世界資源研究所、およびメリーランド大学のGlobal Land Analysis and Discovery Laboratory
〔世界の土地分析・発見研究所〕の地球観測画像を元に作成（2018年）。

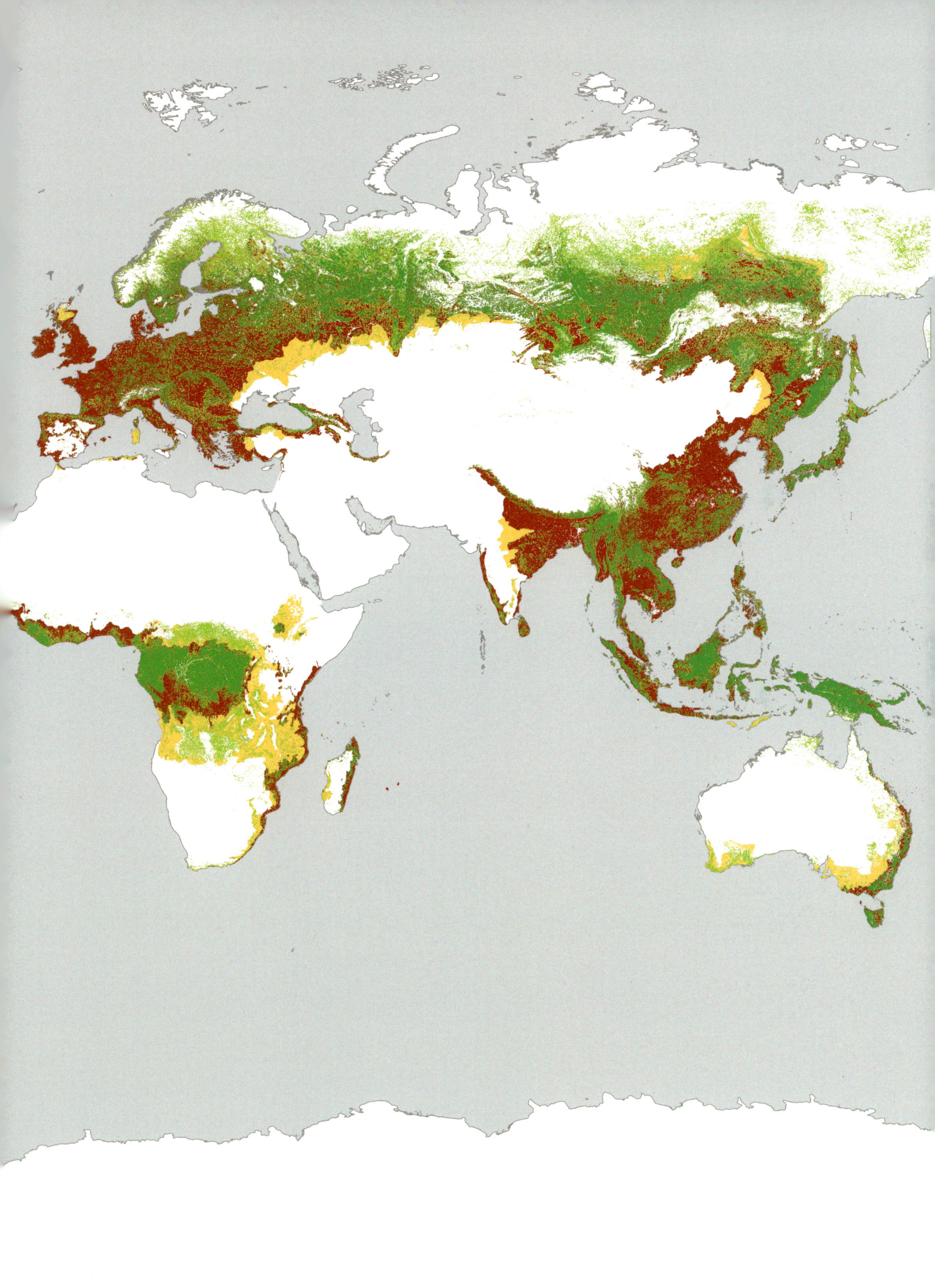

JUNGLES

密林　ひしめく生命

「地球の健康は熱帯雨林にかかっています。最大の熱帯雨林はアマゾンで、その生態系は陸上生物多様性の10〜15パーセント、淡水河川の生物多様性の20パーセントを占めています。アマゾンは巨大なスポンジのように、1200億トン以上もの炭素を吸収して貯えます。何十億もの木々は水を大気へと戻し、豊富な降水に役立っています。でも、今までのアマゾンの開発は、森林を農業、牧畜、鉱業、大規模水力発電に置き換えることを意味していました。これは環境的にも、経済的にも、社会的にも、時代遅れのモデルです。新しいモデルは、生物多様性を排するのではなく、そこから恩恵を受けるという理念に基づくものであるべきです。科学の知識と昔ながらの知恵を駆使して、永遠に続く森や水の流れる川に恵まれた生物経済を創出することです」

カルロス・ノブレ教授

ブラジルの環境科学の第一人者。サンパウロ大学高等研究所およびブラジルの世界資源研究所の上級研究員。

熱帯雨林は、常に気温が高く、ほぼいつも雨が降っている。季節はない——乾期の森林火災や厳しい冬の寒さなど、破壊的な影響を受けることもない。

パンアメリカン・ハイウェイは工学技術が生み出した傑作だ。アラスカからカナダ、アメリカ、メキシコと南下し、アンデス山脈伝いに南米大陸の南端ティエラ・デル・フエゴまで結んでいる。ただ、100〜150キロメートルの切れ間が1箇所だけある。中央アメリカの最も細い部分、パナマとコロンビアを分けるダリエン地峡だ。道の先に、太平洋側から大西洋側まで広がる熱帯雨林が立ちはだかる。今のところ、環境保護主義者の訴えが認められ、森が優先されている。

チョコ・ダリエン熱帯雨林とも呼ばれるこの森は、世界で最も貴重な密林だ。ここに生息する生物種の多くは、アンデス山脈の向こう側のアマゾンでも見られる——話題に上りやすいジャガー、バク、クモザル、タマリン〔サルの仲間〕、巨大なデンキウナギも含む——が、まったく同じというわけではない。アマゾンと隔たって何百万年も経つ間に、多くの種が独自の形態を身につけたのだ。この密林以外では見られない固有種は、両生類で少なくとも120種、植物では数多く見られるランを含め6000種を越える。

世界屈指の降雨量を誇るこの沼沢林で暮らしている人々は、最近までは先住民族のエンベラ族だけだった。彼らは高床式の家屋に住み、小舟で移動する。ところが、道が不完全ながら林の端まで作られたため、商品を北に運ぶ農民、牧場主、麻薬密輸業者が訪れるようになり、この密林は世界の熱帯雨林を保護する戦いの最前線となった。ダリエンは切れ間どころか、自然界に侵攻する人類を阻む砦だ、と環境保護主義者たちは言う。ここの運命が熱帯雨林の保護活動を左右することになるのだろうか？　トラックが引き返さざるを得ないこの場所で、人類は引き返すことができるだろうか？

密林というと、「ジャングルの掟」に支配された恐ろしい場所、木々を伐採し土地を略奪するのは不可能な場所というイメージがある。いっぽう、熱帯雨林からは、地球に欠かせない美しい生物に満ちた魅力的な場所という印象を受ける。もちろん両者は同じものだ。西欧社会が呼び方を変えただけで、自然に対する見方が大きく変わった。人新世において、自然は私たちが守りたい場所になったのだ。「壮大な生態系の復元」をめざすには、熱帯雨林の破壊の波を阻止することが何よりも重要である。密林に対する私たちのイメージは変わった。今度は新しいイメージを実現させる番だ。

192頁
ジャングルの象徴
赤と青のコンゴウインコが土のむきだしになった川岸で、ミネラルの豊富な土をくちばしで掘っている。ペルーのマヌー国立公園にて。多くの鳥類、そして霊長類やコウモリなどの哺乳類も、このような場所を訪れ、西アマゾンで不足している大切なミネラルを摂取する。

190−191頁
ジャングルの構造
川のほとりの熱帯雨林。ボルネオ島サバ州のタワウ・ヒルズ国立公園にて。絞め殺しの木が、樹高80メートルを越えるフタバガキの板根に絡みついている。ボルネオには、熱帯雨林の樹木では世界屈指の樹高を誇る木々が生えており、世界で最も高い木はこの公園にある。また、ボルネオの森は世界で最も古く、1億3000万年以上前から存在している。

本章扉
ジャングルの巨大カエル
体長22センチのフタイロネコメガエル。スリナムの熱帯雨林にて。たいていは樹上にいて、枝で鳴いている。水面に張り出した枝の葉に卵を産みつける。

それだけではない。
熱帯雨林にはさまざまな生息環境があり、
その範囲がとてつもなく広く、
境ごとに独自の生物群集を有していることだ。
熱帯雨林の生態系は高層かつ高密度である。

195頁
林冠のネコ
自動撮影カメラが捉えたオスのボルネオウンピョウ。マレーシア領ボルネオ島サバ州の熱帯雨林で、なわばりを巡回中。ヒョウ属ではないが、この島最大の捕食者だ。主に林床で狩りをするが、木にも上り、林冠でサルやスローロリスを捕食する。隣のスマトラ島のスンダウンピョウ（数はもっと少ない）と共に、ボルネオウンピョウは捕食動物のなかで最も大きく口を開けられ、上顎犬歯は最も長い。

196−197頁
林冠のワシ
早朝、枝に止まり、胸羽を膨らませ体を暖めているフィリピンワシ。フィリピンのミンダナオ島にて。冠羽を立てているのは警戒している証だ。山間部の熱帯雨林に生息しているヒヨケザルかサルを探しているのかもしれない。森に生息するワシでは世界で2番目に大きく、森の消失により、世界で最も絶滅の恐れがあるワシでもある。

熱帯雨林は常に気温が高く、ほぼいつも雨が降っている。季節はない——乾期の森林火災や厳しい冬の寒さなど、破壊的な影響を受けることもなく、自然が休眠状態となる時期もない。したがって、成長、繁殖、死、分解、再生のサイクルは年間を通して途切れずに続いている。熱帯雨林が比類なき多様な生物を有し、その生態系が地球上最も複雑であるのは、そのおかげだと多くの人が信じている。

しかし、それだけではない。熱帯雨林にはじつにさまざまな生息環境があり、環境ごとに独自の生物群集を有しているのだ。熱帯雨林の生態系は高密度かつ高層である——動物が歩き回り、昆虫が葉を食べリサイクルする林床から木々の林冠まで30メートルを超える。

熱帯雨林の林冠については、1980年代までほとんど知られていなかった。木を登って林冠をめざすのではなく、気球で空から下りる方法が取り入れられてから、驚くべき事実が判明した。熱帯雨林での生命活動は、日陰の林床よりも、日当たりの良い木のてっぺんのほうがはるかに多い。植物の少なくとも10分の1は、木の枝に生えたコケに根を張って生きている。ミミズはこの巨大な林冠で一生を終える。樹上で暮らす生物種は多く、甲虫、ナマケモノ、ヘビ、サルも含まれる。こうした生物を餌とするのは、ボルネオ島やスマトラ島のウンピョウなど、食物連鎖の最上位にいる捕食者だ。

地球上の樹木の総数は3兆本ほどで、その半数近くが熱帯に生えている。そして、熱帯の樹木のほとんどが熱帯雨林に生えている。熱帯雨林はあまりに広く、人が与える損傷など取るに足らないと考えられていた時代が永く続いていたが、今日ではあまりにも人が入りやすい森となり、過去半世紀のうちに、多くの熱帯雨林が開発の犠牲となった。中央アメリカ、西アフリカ、東南アジアの大陸部ではほとんどの熱帯雨林が消失し、西アフリカでは約90パーセントが失われた。世界自然保護基金（WWF）が最も危機に瀕しているとする11の森林のうち、7つは熱帯雨林である。

ただ、木々が大量に伐採されているとはいえ、広大な森林はまだ残っており、そのほとんどは3つの地域にある。最大は今でもアマゾン熱帯雨林だ。面積はフランスの10倍で、ブラジルから周辺諸国のボリビア、ペルー、エクアドル、コロンビア、ベネズエラ、仏領ギアナ、ガイアナ、スリナムにまたがっている。

アマゾンに次いで大きな熱帯雨林は、中央アフリカのコンゴ盆地にある。面積は世界中の熱帯雨林の5分の1を占め、アフリカのほとんどの生物種がここに生息している。

199頁
森の庭師
ニシローランドゴリラの「シルバーバック」、群れのリーダーである。コンゴ共和国のオザラ国立公園の熱帯雨林にて。ニシローランドゴリラは森の木々の再生に重要な役割を果たしている。食べた果実に含まれる種子は、ゴリラの巣から糞と共に林床に落ちる。ゴリラは林冠が閉鎖されておらず、林床に日が射し込む場所では樹上に巣を作って夜を過ごす傾向がある。この日光が種子の発芽を助けるのだ。オザラなど保護区域にいても、赤道アフリカのニシローランドゴリラは病気(エボラを含む)、密猟、森林消失により、絶滅寸前の状態であることに変わりはない。

200−201頁
森の掘り師
岩塩を求め、地面を掘るシンリンゾウの家族集団。中央アフリカ共和国のザンガ＝ンドキ国立公園にて。ゾウの活動により、森の空き地は保たれ、森全体に小道が網の目状に作られる。シンリンゾウはサバンナゾウより小柄で象牙が硬いため、よりいっそう狙われる。過去15年間にシンリンゾウの60パーセント以上が象牙や肉目当てで殺された。

20世紀後半の数十年間に、アマゾンのすさまじい森林破壊は自然破壊の同義語となった。だが、破壊はいまだに続いているものの、その速度は15年前のピーク時よりはだいぶ遅くなった。アマゾン熱帯雨林はおよそ80パーセントが残っており、世界中の既知の生物種の10分の1がここに生息している——しかも、新種が平均して2日に1種のペースで、ここで発見されている。木々や土壌は1000億トン以上もの炭素を貯えており、この森林がさらに破壊されると、地球温暖化に拍車をかけることになる。

アマゾンに次いで大きな熱帯雨林は、中央アフリカのコンゴ盆地にある。面積は世界中の熱帯雨林の5分の1を占め、アフリカのほとんどの生物種がここに生息している。ただ、森の範囲は一定してきたわけではない。遠い過去には湿潤気候と乾燥気候が繰り返され、熱帯雨林と草原の境が変わり、それと共に動植物は後退、進出を繰り返していた。最終氷期の末期が始まった約1万8000年前には、コンゴ盆地の大半はサバンナに覆われていた。その後、気候が温暖湿潤になるにつれ、森が戻ってきた。現在でも、伐採を免れている場所では森の進出が続いている。この比較的新しい森の中には、かつての草原の名残と思われる開けた場所がたくさんある。コンゴの森には、ゾウ、バッファロー、レイヨウ、ハイエナ、ゴリラ、チンパンジー、ボノボその他、多くの大型哺乳類がどこよりも多く生息しているが、その理由として、熱帯雨林と草原とが混在していることも挙げられるだろう。

森林に生息しているシンリンゾウは、森林の中で進化を遂げた別種と考えられている。森が栄えるためになくてはならない存在なのだが、象牙目当ての密猟で個体数が減っており、森の再生能力が脅かされている。シンリンゾウは果実を食し、その種子を糞と共にあちこちに落とす。糞はフンコロガシによって地中に埋められ、種子が発芽できる状態となる。ゾウはまた、森の中の空き地の維持にも欠かせない。このような空き地はコンゴ語でバイスと言う。アマゾンのクレイリックと同じもので、多くの動物の健康に欠かせないミネラルを含んでいる。ゾウが土を掘り返すため、空き地には木が育たず、他の動物たちもミネラルを得られるのだ。

密猟は減らず、違法伐採も横行しているものの、コンゴ盆地の熱帯雨林は世界で最も破壊されていない。今日、窮地に立たされているのは東南アジアの熱帯雨林だ。

本物のジャングルとは、生物種間にこの上ない精巧な協力関係が築かれている世界だ。互いのニーズを満たすため、共進化したケースが多い。

スマトラは世界で6番目に大きな島で、ボルネオは3番目、ニューギニアは2番目だ。この3島は最近まで、ほぼ全体が密林に覆われていた。だが今日では、密林があったことなど急激に過去の話となりつつある。伐採され、焼き払われ、安く広大な土地を求めるグローバル産業に提供されているのだ。私たちがプリンター用に使う紙や、世界で最も広範に利用される農産物であるパーム油の生産がここで行われている。

パーム油は、化粧品や洗剤からチョコレート、クッキーに至るまで、スーパーの陳列棚に並ぶ商品の半分近くに使われている。パーム油の世界供給量の半分ほどがこの3島で生産されているのだ。自然の恵みを存分に受け、何百万年もかけて進化してきた森の景観が、マッチの軸用木材やパルプに変わり、植物油を採るために単一栽培が行われる。その変貌は、新時代の悲劇に他ならない。したがって、森を取り戻すことを議論するよりも、まずは私たちが失ったものは何かを理解する必要がある。

生態学から見た「ジャングルの掟」とは何だろう？　勝者がすべてを手に入れるという容赦ない戦いだと考える人もいるだろうが、そうではない。本物のジャングルとは、生物種間にこの上ない精緻な協力関係が築かれている世界だ。互いのニーズを満たすため、共進化したケースが多い。最大の種ですら、こうした共生関係に依存している。

たとえば、ブラジルナッツの巨木とモルモットに似た大型齧歯類アグーチの関係を見てみよう。ブラジルナッツの木はアマゾンの王者だ。樹高50メートルにも達し、森の林冠を突き抜け、何百年も生きる。今日、森にそびえ立つブラジルナッツの多くは、スペインの征服者たちがエル・ドラード（黄金郷）を探してアマゾンに来たときよりはるか以前から生えている。

ブラジルナッツはグレープフルーツ大の丸い莢を林床に落とす。莢の中には20前後の種子が入っている。莢は非常に堅く、種子を取り出せる森の動物はアグーチしかいない。この莢を削れるように進化して鋭い歯を手に入れたアグーチは、種子を莢から取り出し、土の中に貯めておく。食べられなかった種子はのちに発芽する。ブラジルナッツの木はアグーチのいる場所でしか見られない。

ブラジルナッツの繁殖に必要なパートナーは他にもいる。花は受粉する必要

202頁

大いなる種子の散布者

ザンガ＝ンドキ国立公園で、木から果実を採っているシンリンゾウ。研究者が設置した自動撮影カメラが捉えた瞬間。シンリンゾウの糞を調べたところ、この公園では大型哺乳類のなかで、無傷の種子を最も多く、最も広範囲に撒くのはゾウだと判明した。効率よく植林しているのだ。象牙を狙った密猟でシンリンゾウが姿を消すと、森の樹種は減っていくだろう。

密林に生息する種は、
共生や寄生の密な関係を培いながら進化してきた。
類を見ない生物多様性がもたらされた理由のひとつとして、
他種に依存する生き方も挙げられる。
密林は地表のわずか7パーセントを占めるのみだが、
陸生種の半分がここに生息している。

205頁

カエルのホットスポット

ペルーのマヌー国立公園の熱帯雨林に生息するさまざまなカエル。この公園は世界で最もカエルの種類が多い。どの種も独自の生息地があり、森のごく狭いエリアのみで見られる種もある。

上左から時計回り

トラアシネコメガエル(*Phyllomedusa tomopterna*)、*Dendropsophus rhodopeplus*、*Ranitomeya imitator*(2形態)、*Ameerega shihuemoy*(新種。オタマジャクシを背負っている)、*Ameerega trivittata*、*Ranitomeya fantastica*、*Ranitomeya imitator*(別形態)

があり、最も効果的な媒介者は大型のシタバチ族だ。大きな花弁を持ち上げ、奥の蜜にありつける力のあるハチはシタバチ族しかいない。そして、このハチはある特定のランがなければ繁殖できない。シタバチのオスはランが作る芳香物質を集め、これを利用してメスを惹きつける。したがって、そのランがなければシタバチも、ひいてはブラジルナッツの木も繁殖できないのだ。

熱帯雨林に生息する生物種間の複雑な相互依存には、ショッキングな例もある。食うか食われるかの戦いを繰り広げているハキリアリだ。このアリは植物の収穫者としてアマゾンで最も重要な立場にあり、森の不要物を大々的に取り除いてリサイクルする。大群をなして林床を進み、葉を切り取ってはコロニーに持ち帰る。ハキリアリのコロニーは非常に大きく、輸送用コンテナに匹敵することもある。持ち帰った葉はコロニーの中で、アリが育てている菌類の餌となる。そして菌類はアリの栄養源となる。

ハキリアリはこの共生関係を管理しているように見えるが、林床の世界はそう単純にいかない場合がほとんどだ。アリを狙う別グループの菌類がいる。オフィオコルディケプス属の菌類はアリの体内に侵入し——対象となるのはオオアリが最も一般的だが——アリの神経系を乗っ取り、ゾンビにしてしまうのだ。ゾンビとなったアリは植物の上方へと上り、そこで死ぬ。すると菌類はアリの体を破って姿を現し、胞子を空気中に放出する。胞子は下方にいるアリに降りかかり、また同じプロセスが始まる。これは何百万年も前から行われているようだ。人間には思いもよらない方法だが、自然はこんなことも思いつく。

菌類は奇妙な習性を持つが、熱帯雨林には欠かせない存在で、落ち葉を分解し、木々の栄養に変える。また、木の根に付着し、木々に栄養を直接与える代わりに、木々から糖分を得て自身の栄養とする。

熱帯雨林の生物種は、生き延びて繁殖するために途方もない努力をしている。絞め殺しの木と呼ばれるイチジクの仲間は、ほぼすべての熱帯雨林に見られるが、まさに化け物のような植物だ。種子は森の林冠に生えているコケの中で発芽し、生長するにつれ、宿主の木の幹伝いに根を下ろしていく。林床に届いた根は、土の養分を宿主と取り合う。やがて、宿主の幹に網の目状

に巻きついた根は太くなり、宿主をじわじわと締め上げていく。巨大なブラジルナッツの木ですら、最終的には死の抱擁に屈してしまう。だが、この化け物も他種に依存しなければ繁殖できない。イチジクの花は果実の内部で咲き、受粉には小さなハチの助けが要る。ハチに授粉してもらうため、絞め殺しの木は何キロメートルも離れたハチをも惹きつける匂いを放つ。小さなハチがいなければ、ジャングルの巨大な殺し屋でも子孫を残せないのだ。

こうした例から、密林に生息する種が共生や寄生という形で密な関係を培ってきたことがわかる。類を見ない生物多様性がもたらされたのは、他種に依存する生き方も理由のひとつだ。密林は地球の地表の7パーセントを占めるのみだが、陸生種の半分がここに生息している。パナマの密林では、ある研究者がサッカー場ほどの広さで1万8000種もの甲虫を発見した。アマゾンの熱帯雨林では、サッカー場25個分の面積に1440種の木々が生えている——北半球の北方森林と温帯森林に生える樹種の合計よりも多い。

アマゾンには世界の鳥類9000種の3分の1が生息し、そのうちの10分の1以上がペルーのマヌー国立公園で見られる。驚異的な生物多様性を誇る熱

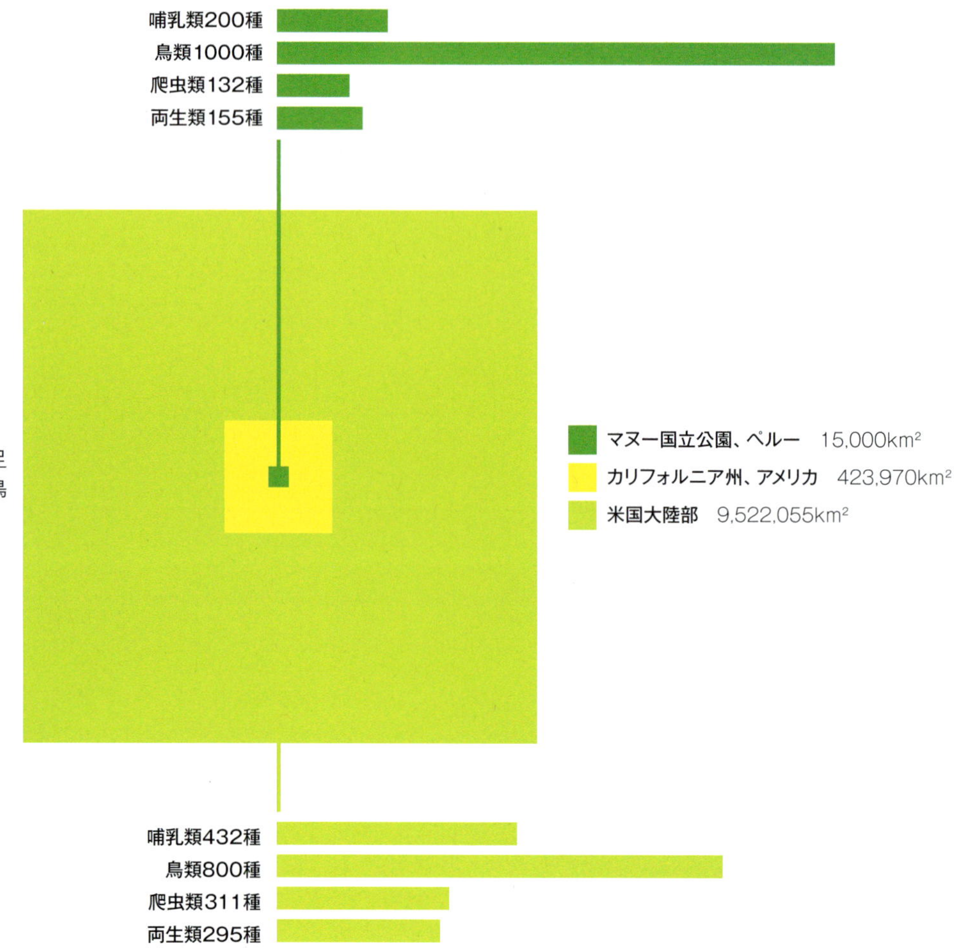

マヌー国立公園、ペルー
面積はカリフォルニア州の28分の1足らずだが、この熱帯雨林に生息する鳥類種は米国大陸部全体よりも多い。

帯雨林の中でも、マヌーの多様性は抜きん出ている。マヌーは両生類の極楽の地でもあり、カエルの種類はどこよりも多い。哺乳類の多様さは、公園内に数多くあるクレイリック——土壌が露出した空き地——で見ることができる。このミネラルのオアシスにはオウムを始め、クモザル、ペッカリー、オオアリクイその他の哺乳類も昼夜を問わず集まってくる。粘土を舐め、森の食べ物に不足する塩分を補うために。

ほぼすべての熱帯雨林でここまで多様な生物が見られるのはなぜか？　さまざまな説がある。熱帯には太陽から高エネルギーが注がれるから。歴史が古いから。熱帯以外の地方では繁殖期が年に2、3カ月しかなく、競争が非常に激しいが、季節のない熱帯では多くの類似種が熾烈な競争をせずに栄えていけるから。だが、本当のところは誰にもわからない。

答えの出ない問題はもうひとつある。生物の多様性や種の相互依存は、熱帯雨林全体として強みとなるのか、それとも弱みとなるのか？　つまり、生態系とはトランプで作った家のようなもので、1枚抜けたらすべて崩壊するのか？それとも多様だからこそ回復力があり、森林伐採や気候変動、農地造成、山火事の影響を受けても、生き延びるための選択肢が多くあるのか？

最近の研究は回復力があるという説を裏付ける、とスミソニアン環境研究センターのエメット・ダフィーは言う。「その地域の状況に最も適した組み合わ

上
土を作るもの
熱帯雨林に無数に生息する菌類のひとつ。カメルーンにて。胞子を作る子実体によって、目に見える姿となった。本体は落ち葉の下にあり、有機物を分解して餌とし、森の土壌を肥やす助けをしている。菌類の中には、種子の発芽に必要なものや、木の根と結合してミネラルその他の栄養物を与え、木の生長に欠かせないものもいる。熱帯雨林は菌類なしには存在できないだろう。

208–209頁
地上に降りたサル
ペルーのマヌー国立公園の端にある土手で、露出した塩をなめているクロクモザル。このような場所は「クレイリック」と呼ばれ、哺乳類も鳥類もやって来る。それを目当てに捕食者まで来るため、林冠で暮らすサルは非常に警戒している。

雲霧林　神秘に包まれた無人の森

エクアドル東部、森に覆われたサチャ・ジャンガナテス山脈は一年中霧に包まれている。人が住まず、神秘に包まれたこの地方の大部分は、地上から地図が作られたことがない。だが、森の林冠の下には、いまだ発見されていないコケ類やランその他の植物の黄金郷が存在する。

「雲の中にある尾根は、いずれも独自の微気象があり、独自のラン種を有しています」と語るのはアメリカ人のラン愛好家ルー・ジョストだ。彼は長年、霧に包まれたこの山々をひとりで探索している。ほとんどのランは木の枝に生えているという。「どの種も、雨、霧、風、気温のある特定の組み合わせに適するよう特殊化しているようです」

エクアドルのアンデス地方の森は、地球上最も調査がなされていない生態系タイプのひとつ、雲霧林の典型例だ。湿度の高い雲霧林は、アンデス、中央アメリカ、インドネシア、ヒマラヤ、そして中央アフリカの「月の山脈」の山頂付近に存在している。総面積はおそらく40万平方キロメートル足らずで、カリフォルニア州よりも狭いが、ここにはアフリカのマウンテンゴリラやアンデスのメガネグマなど、他の場所では見られない動物が多く生息している。

雲霧林は面積こそ小さいものの、空気に含まれる水分を取り出す働きに優れ、貴重な貯水槽の役目を果たしている。これがなければ、たとえばホンジュラスの首都テグシガルパやタンザニアのダルエスサラームなど、盆地や低地にある多くの大都市では水道水に事欠くだろう。だが、雲霧林は気候変動に弱い。気温の上昇に伴い雲底も上昇するため、森は山の上方へと移っていくしかない。山頂に到達し、もう行き場がないとなったら、雲霧林はどうなるのだろう?

上：パナマの雲霧林に自生するエピデンドラム属のラン。

せが栄える可能性が高いと思われます」

だが、回復力があるといっても限界はあるだろう。熱帯雨林の伐採が進み、森の回復力が粉砕される寸前の場所も多々あるかもしれない。限界があるとしたらどこなのか、残念ながらわかっていない。

非常に豊かな生物多様性は、熱帯雨林の重要性を示す一要素にすぎない。地球最大の生物集団を擁する場として、熱帯雨林はひとつの生命体であるかのように息づいている。多くの生物の原動力であり、あらゆるものを結びつけている。

熱帯雨林は二酸化炭素を吸いこむ。二酸化炭素と水と太陽エネルギーを材料として行う光合成は、植物を形成する基本的な生物学的過程である。

高温多湿な熱帯雨林は、他のどこよりも光合成の速度が速い。どんな森林も二酸化炭素を消費するため、気候変動をもたらす二酸化炭素の大気中濃度の上昇を抑制できる。また、森林は光合成の廃棄物である酸素を吐き出すため、高レベルの酸素の維持にも役立っている。高いといっても、地球全体が自然発火するほどではない。森は酸素以外の気体も吐き出している。中でも注目すべきは、空気中に含まれる汚染物質を浄化するヒドロキシルだ。つまり、森は私たちのサーモスタットであり、空調システムでもあるのだ。

雨を降らせる力も熱帯雨林の重要な働きだ。林冠に降り注ぐ雨のうち、3分の2ほどは林床に届かず、熱帯の熱い太陽に照らされて蒸発する。水蒸気は森の上空に立ち上り、「空飛ぶ川」が形成される。この水蒸気はまもなく凝結して新たな雨雲となり、森の風下に雨を降らせ、砂漠化を防いでいる。広大な森の上を通る空気は、植物がほとんど生えていない地帯の上空を通る空気より少なくとも2倍の雨量をもたらす。

熱帯雨林が雨を降らせる力は数千マイルにも及ぶ、と気候モデラーたちは信じている。雨が常時降っていないと熱帯雨林は栄えないが、その雨を維持しているのは森だ。木々を伐採しすぎると、雨量が不安定になる。熱帯雨林の破壊により、地球の生命維持システムが危うくなる。このシステムが失われたら、地球はじきに自然にとって——私たちにとっても適さないものとなる。

212–213頁
雨の素
パプアニューギニア沖のニューブリテン島に広がる熱帯雨林。木々から上がる水蒸気が霧となってたなびき、森の湿度を保つ。霧は雨雲となり、毎日大雨を降らせ、湿気を好む動植物をはぐくみ、木々も雨によって生育する。ここではそうした途切れない循環が成り立っている。

地球最大の生物集団の場として、熱帯雨林はひとつの生命体であるかのように息づいている。多くの生物の原動力であり、あらゆるものを結びつけている。

インドネシアでくすぶり続ける問題

スマトラ島とボルネオ島では、大規模農家も小規模農家もアブラヤシを栽培するために森を焼き払っている。延焼による広範囲の山火事は後を絶たず、地域一帯に有毒な煙霧が広がり、学校は休校となり、空港まで閉鎖される。エルニーニョ現象による干ばつ時に発生した山火事は最悪となる。

とくに煙がひどくなるのは、両島の森に数多く存在する泥炭湿原が焼けたときだ。湿原は何カ月もくすぶり続け、大量の煙だけでなく、二酸化炭素をも放出する――その量は木が燃える場合よりはるかに多い。

2015年の秋、スマトラ島やボルネオ島の大半を含むインドネシアは、森林火災のせいで、1日に放出される温室効果ガスが一時的にアメリカを上回った。

インドネシア政府は違法伐採と開拓に終止符を打つと大々的に宣言した。森林の保護価値は高いとして、ジョコ・ウィドド大統領は伐採を一時的に禁止する措置を講じた。今後の森林伐採を、すでに荒廃している森林の問題と絡めて集中的に対処する意向だ。同時に、大統領は山火事で被害を受けた泥炭地を復元するための機関を立ち上げた。「これにより、森林や泥炭地が受けた損害を克服してみせるという我々の決意のほどが世界に受け入れられるはずです」

だが、1万7000もの島々からなる巨大な群島で、公約を実行するのは大変だろう。政策方針が変更される兆しは今のところない。公約したにもかかわらず、2016年のインドネシアの森林損失は過去最高レベルとなったが、それでも事態が好転する可能性はある。

森林破壊は避けられないなどという理屈は成り立たない。法の支配は遠いジャングルにまで及ぶ――意思さえあれば。それを示したのがブラジルだ。10年前、ルーラ元大統領の指導の下、ブラジルは森林破壊を厳しく取り締まった。

上：森林を焼き払う煙の中でたたずむ若いボルネオオランウータン

そこで、熱帯雨林で何が問題になっているのか、どうすれば手遅れになる前に是正できるのかをもっと詳しく見てみよう。まずは、世界のどこよりも森林破壊が急激に進んでいるインドネシアだ。

インドネシアの大きな島スマトラは、何千年も前から密林に覆われ、人々は森を破壊することなく産物を収穫してきた。藤(トウ)で家具を作り、蜂の巣から蜜を採り、材木で住居を作り、伐採した場所で作物を育てていた。商業伐採といっても20世紀まではわずかばかりの木を選んで伐採するだけで、森のほとんどは影響を受けず、WWFの表現を借りると「自然保護と両立可能」なものだった。

ところが、30年前から始まった伐採は今までの形とは異なり、森を切り開いていく。スマトラほど急速に森が消失している場所は他にない。1985年以来、スマトラは少なくとも森の半分を失った。何千平方キロメートルにもわたる鬱蒼と茂った密林が切り開かれ、世界の2大製紙工場の手に渡る。製紙工場を所有しているのは、インドネシアの競合する2つの財閥だ。製紙工場は年に2000万トンほどの木材を消費する。パルプは紙となり、プリンター用紙として世界中に提供される。丸坊主にされた土地は、ほとんどがパーム油製造者の手に渡る。

この大量伐採に歯止めをかけ、森を復元しないことには、森のカリスマ的存在である固有種のスマトラサイ、オランウータン2種、スマトラトラ、そして数少ないスンダウンピョウはやがて絶滅するだろう。ウンピョウは単独で行動し、獲物を求めて木々の間をこっそり進む。森の林冠も狩り場とし、おそらく林冠での捕食者としては世界最大である。

隣のボルネオ島でも状況はほぼ同じだ。ここの密林は世界最古の部類に入り、1億3000万年以上も前から存在している。1970年代までは島の4分の3が森に覆われていた。今日、森の3分の1は失われている。高価な硬材目当ての伐採が主な原因だ。

この島では木材の切り出しが主要産業となっている。ボルネオ島で最も森林に覆われている中部カリマンタン州の電話帳には、タクシー会社の6倍の数の製材所が登録されている。このような状況で、島の森林被覆率は今や50パーセントを切り、多くの地域が地平線まで続くアブラヤシ畑と化している。ボルネオはギリシアに匹敵する面積の森を失った。

この2島で最も有名な森の人、オランウータンはスマトラ島に2種、ボルネオ島に1種が生息している。高い知能を持つこの霊長類の習性や文化に、研究者は魅了される——私たちにとても似ているからだ。種ごとに独自の生活技術があり、母親から子へと伝えられる。小枝を使って蜂の巣から蜜をすくう。小枝でアリを巣から取り出す。葉を手袋のように使い、アリに噛まれないようにすることもある。また、オランウータンは遊びを楽しむ。葉を吹いてきしんだ音を出したり、ターザンのようにつるを使って川を渡ったり、キャンプに行った人間の子どもと同じだ。このようなオランウータンの暮らしは、今や風前の灯火となっている。

216–217頁
新たな親戚
タパヌリオランウータンのオスと若いメスが熱帯雨林の安全な場所から見下ろしている。スマトラ島バタン・トルにて。オランウータンの第3種として同定されたのはつい最近で、この森林地帯でしか見つかっていない。毛はスマトラオランウータンやボルネオオランウータンより多少癖がある。また、オスには立派な口ひげがあり、フランジ〔頬の張り出した部分〕は平らで際立っている。年を取ったメスにはあごひげがある。起伏の激しい土地にいるため、最大の脅威——森を伐採しアブラヤシ農園にする——からは守られているが、現在、中国が支援する水力発電プロジェクトが、オランウータンの生息密度の最も高い地域に計画されている。これにより、オランウータンは世界で最も絶滅に近い類人猿となるかもしれない。

ニューギニアは島の3分の2弱に森が残り、分断化していない熱帯雨林として、アマゾン、コンゴ盆地に次いで世界で3番目の面積を誇っている。

ニューギニアの森林破壊は、最近までさほど深刻ではなかった。島の3分の2弱に森が残り、分断化していない熱帯雨林として、アマゾン、コンゴ盆地に次いで世界で3番目の面積を誇っている。だが、近年は伐採が増え、パーム油製造会社が進出しつつある。多くの会社は、しばしば政府の奨励を請け、ボルネオ島とスマトラ島の森林を広範囲にわたり伐採して富を得た。そして今や、商売を維持するために新たな森林と新たな土地を求めている。

アマゾンの熱帯雨林は復元の機が熟したと言えるだろうか?　過去半世紀、森林が破壊され続けてきた末にこんな質問をするのはばかげていると思われそうだ。森の東端と南端から牧場主や大豆農家が侵入し、世界最大の熱帯雨林が無法者のはびこるフロンティアだった時期も何度かある。だが、WWFインターナショナルのヨランダ・カカバドス元理事長が言うように、「アマゾンの大部分は生態学的に良好な状態が続いている」のだ。現存する670万平方キロメートルほどの密林には、4000億本の木々が残っている。そしてブラジルでは、森林破壊のピークは過ぎ去ったのかもしれない。

現在、ブラジルの国立公園は以前よりも保護が行き届いている。牛肉、大豆、皮革など森林破壊によりもたらされる生産物の売買に関する法律が施行され、先住民385集団の多くは自分たちの保有地への立入を制限する権利が与えられた。2004年から2016年の間に、ブラジルのアマゾンの森林破壊率は70パーセントも低下した。

だが、森への圧迫はまだ残っている。世界最大の熱帯雨林は、採鉱、道路、アマゾン川とその支流へのさらなる水力発電ダム計画により、分断化の危険にさらされているのだ。

森林の分断化は生物多様性に影響を及ぼす。簡単に言うと、分断化された森は、同じ面積でひと続きの森よりも種の数が少ない。森の断片が小さくなるほど、各断片の種も、森全体の種も少なくなる。餌を得られないほど断片が小さくなると、いちばん打撃を受けるのは霊長類、草食哺乳類、そして鳥類だ。また、「エッジ効果」の問題もある。分断化された森では、木々が密に生えている場所がなく、森の辺縁(エッジ)に面している部分が多くなる。辺縁部は中心部よりも風が強く、乾燥し、森の周辺に生息する種が侵入してくる——もちろん人間も含めてだ。

218頁　上
豊かさの誇示
関心を寄せてくれたメスのために、バレリーナの舞いを披露するオスのカンザシフウチョウ。彼はあらかじめ観客席用の枝の下をきれいにし、ダンスフロアを用意していた。パートナー候補はこの枝から舞いを見下ろす。黒いケープをまとったオスはくるくると回り、襟の虹色の羽を見せびらかす。メスが彼を選ぶと、愛はわずか数秒で終わる。メスはひとりで子育てができるし、オスは次の舞台の用意にいそしむ。ニューギニアの熱帯雨林は食べ物が一年中手に入るため、生きるのに苦労しない。この極楽の地では、最もセクシーな者が生き残れる。

218頁　下
みごとな変身
フォーゲルコップカタカケフウチョウが襟羽を広げ、近づいてくるメスに誇示している。羽は特殊な構造のため漆黒に見える。黒地によって、きらめく胸羽と眼状の模様が際立つ。

森林の分断化は生物多様性に影響を及ぼす。簡単に言うと、分断化された森は、同じ面積でひと続きの森よりも種の数が少ない。森の断片が小さくなるほど、各断片の種も、森全体の種も数が少なくなる。

生態系を復元するためには、まず森の断片を再びつなげること、そして荒廃した森を回復させることだ。さらにこれと並行して、現在残っている広範囲の森林を保護する。このような森林は種子や生物種の宝庫であり、森の再生に役立つ。だが、アマゾンに残る熱帯雨林の辺縁部のように伐採が進み、大豆農家や牧場主がひしめいているような場所でも実現できるだろうか?　希望はないわけではない。

まず知っておいてもらいたいのは、まだ再生の力を残している森林がたくさんあるということだ。伐採者や農家がひどく荒らした森ですら、生息種の多くが、個体数は激減したとはいえ、残っている場合が多い。たとえば、エルサルバドルは森林の90パーセント以上を失ったが、鳥類508種のうち完全に姿を消したのはわずか3種だ。ボルネオ島の一部、マレーシア領の森も80パーセントが失われた。何度も繰り返し伐採された場所も多いが、それでも森の生息種のほとんどが生き残っている。

希望を持てる理由の2つめは、森林から経済的恩恵を得るために木を伐採する必要はないという点だ。そして、森に価値を見いだせる人なら、森を守ろうとする。

ブラジルはアマゾンに多くの広大な自然保護区を設けた。保護区を守るのは地域住民で、自然に生えているゴムノキから採取した樹液でゴム製品を作ったり、ブラジルナッツを収穫したりしている。自然保護区の総面積は、今やイングランドに匹敵する。

チコ・メンデスの業績は今も忘れ去られていない。彼は西アマゾン出身のゴム樹液採集者で、自然保護区を設けて森を守るよう訴えた。彼の主張は1980年代に西欧の環境保護団体によって採用されたが、彼自身は1988年、地元の牧場主によって暗殺された。

アマゾンから重要な教訓が得られる。地元民は森林破壊者として悪者扱いされることが多いが、森の最高の守り手にもなれるのだ。アマゾンの衛星画像を見ると、ゴム樹液採集者や先住民コミュニティが管理している自然保護区の多くは豊かな緑の海となっているのがはっきりわかる。こうした人々が現存する森の救世主だとしたら、「壮大な生態系の復元」という次のステップに着手するのはおそらく彼らだろう。

221頁
政策の違い
グアテマラとベリーズの国境を撮影した2016年の衛星画像。両国政府のまったく異なる土地政策の結果が一目瞭然だ。左側はグアテマラの農地、国境をはさんで右側はベリーズの鬱蒼と茂る森。1991〜2014年、グアテマラでは森林が32パーセント減少したのに対し、ベリーズはわずか11パーセント減だった。このようなランドサット画像は数値を裏付けするものだ。

アマゾンその他の熱帯雨林が再生可能だと楽観視できる、おそらく最大の理由は、現在の熱帯雨林がかつて人間によって破壊され、再生したものだという点だ。

そうなる可能性を示す証拠がある。アマゾン川の主要な支流のひとつ、シングー川の細長い流域では——面積はイギリスほどある——過去25年間、牧場主や大豆農家が記録的なスピードで森林伐採を行っていた。その結果、川は干上がり、魚は姿を消した。

最も打撃を受けた場所のひとつは、この川の源流があるマトグロッソ州のシングー先住民公園で、ここには10集団以上の先住民が暮らしている。彼らは手を打つべく立ち上がった。現在、公園内に住む先住民女性約400人が国内外の組織と共同で、森から種子を集め、伐採された土地の所有者に売りつけている。土地所有者たちはブラジルの森林法と自分たちの水道を守るため、森林の回復に着手し始めた。

自然の再生を真似たこのプロジェクトは、3000平方キロメートルの森林の復元をめざしている。復元するのは、アメリカの非政府組織「環境防衛基金」の言う「世界最大の熱帯雨林の回廊」だ。牧場主と先住民が共通の景観を守り、質を高めるために協働するのは珍しい。このアイデアは他地域にも広まり、アマゾン全体に新たな種子ネットワークが作られつつある。アマゾン初の組織的な熱帯雨林の復元が実現するかもしれない。

アマゾンその他の熱帯雨林は再生可能だと楽観視できる、おそらく最大の理由は、現在の熱帯雨林がかつて人間によって破壊され、再生したものだという点だ。たとえばアマゾン流域は、ヨーロッパ人がアメリカ大陸にやって来るまでは、かなり人口が密集していた。河岸に築かれた都市群について、初期の征服者たちが記録を残している。こうした都市は、病気や戦争により人口が激減し、またたくまに廃墟と化した。自然は土地を取り戻し、生態学者が原生林と勘違いするほどの森を再生したのだ。チャールズ・ダーウィンはビーグル号で航海中、「人の手が加えられていない原生林」と記しているが、彼が見たのは再生林である。

アマゾンその他の密林の土壌には、「ダークアース」が含まれている場所がある。家庭ごみを黒焦げの木屑と混ぜた、原始的な改良土だ。陶器の破片もしばしば大量に見られるため、人が作ったものと考えてほぼ間違いない。熱帯雨林の土壌はもともと薄いのだが、アマゾン流域ではダークアースに覆われた土壌の豊かな土地が少なくとも1パーセントを占め、今日でも地元の農民に珍重

222頁
在来種の苗
苗木を調べる先住民族シングー族の若者。ブラジルのマトグロッソ州にあるシングー先住民公園で仲間が集めた種子から育てたもの。育苗事業は、ブラジルの慈善団体がヨーロッパの寄付者の支援を受けて管理している。苗木を土地所有者に売り、この地方の伐採された森の跡地に植えてもらう。追いつめられているブラジルの森林を再生する構想の一環として行われている。

パナマでは熱帯自然林が年間1.3パーセント減少しているが、再生し始めたかつての林地は年間4パーセント増加している。

されている。ダークアースの起源はほとんど忘れ去られているのだが。

他の密林は、原始的な排水システムや土手道の上に再生している。中央アメリカのマヤ文明、東南アジアのアンコールワット都市文明、そして西アフリカのベナンなど洗練された社会はすべて、森を大々的に切り開いて築かれたことが考古学者の研究で明らかになりつつある。約1500年前、コンゴでは大半の土地が切り開かれ、作物の栽培や炭焼き、さらには金属の精錬まで行われていた。その後に森が再生し、かつて人が生活していた痕跡はすべて、原生林と見間違えるほどの森の中に埋もれている。

こうした例は、自然が本来の姿を取り戻す力をかつては備えていたことをはっきりと示すものだ。しかも、これは過去の話ばかりではない。今日でも、森林は同じように再生しつつある。伐採者が立ち去った地でも、不毛な地と化したかつての放牧場でも、小作農が都市に出て行き、取り残された畑でも。

スミソニアン熱帯研究所によると、パナマでは熱帯自然林が年間1.3パーセント減少しているが、再生し始めたかつての林地は年間4パーセント増加しているという。カメルーン中部では、農民が放棄した土地に「森林が急速に戻りつつある」とエジンバラ大学のエド・ミチャードは言う。新たに芽を出した木々は20年で樹高30メートルに達し、立派な林冠が形成されている。

世界のどこかで常にオーストラリアに匹敵する面積の熱帯二次林が再生中である、と国連データは示している。新たな自然が姿を現し、大地に木陰を与え、野生生物を呼び戻し、大気中の炭素を捕捉しているのだが、この点を私たちは忘れがちだ。森林破壊はいきなり行われることが多く、衛星画像から見つけやすい。いっぽう、自然林の再生には時間がかかり、見逃される場合もある。

森林が復元しても、古い大樹を含め、完全な生息地を提供するにはさらに長い年月がかかる。生物種の中には、絶滅したものも、再生中の森から切り離されて戻れないものもいるだろう。かつて森に回復力を与えていた種間の相互関係は、いちど断ち切られると、再構築が難しい場合が多い。だが、それでも自然は復元する。原生林と思われている今日の熱帯雨林の大半は、過去の伐採から再生した二次林だ。問題は、人がひしめき合っている今の世界で、どの程度の自然が復元できるかという点だ。

上
森林再生のモニュメント
メキシコ南東部の熱帯雨林にそびえ立つピラミッド形陵墓の遺跡。7世紀、マヤの蛇王朝期に栄えた都市カラクムルの一部。カラクムルが衰退したのは、干ばつと戦争が重なったためと思われる。無人となった地に森林が再生した。

人口90億、100億、110億の世界で、「壮大な生態系の復元」をめざさなければならない。作物の収穫高を最大限にするハイテクを駆使した農業革命をもってしても、大きな森を再現するだけの空間が本当にあるだろうか?　ここは現実的に考えないといけない。

森に生息する大型動物を絶滅させたくないのであれば、場所によっては大きな森を取り戻す必要がある。だが、それがすべてではない。小規模な林地を人間の居住地に沿って作るという並行作戦もある。土地を自然と共有しつつ生きるということだ。

これも今に始まった話ではない。アフリカのゾウやバッファロー、キリン、ライオンは、何千年も前から牧畜を営む人間社会と隣り合わせで生きてきた。そうしなければ生き延びられなかっただろう。現在では、周囲の熱帯雨林と共存できる、生産性の高い農業システムがいろいろ開発されている――たとえば、インドネシアのゴム園、カメルーンのカカオ農園、アジア・アフリカ全域で見られる小規模水田などだ。

農業対森林という形であれば、たいてい農業が勝つ。だが熱帯地方では、森林や小規模な林地は、農地の一部として生産性を高めることも可能で、実際そうなっているケースもある。アグロフォレストリーと呼ばれる農業と林業の混合

地球との和解という私たちの必要性の象徴となったのは、ほかでもない密林だった。自然の大いなる復元をめざしたいという私たちの気持ちがどの程度のものか、密林の行く末によって試されることになるだろう。

形態は、樹木から木材を得るだけではない。木々は貴重な木陰を作り、流域を洪水から守り、授粉媒介者など自然のサービスを無料で提供する。家畜の代替飼料ともなり、土壌を肥やす働きもする。さらに、アグロフォレストリーは生物に隠れ場所を与え、大型動物が移動する際の回廊にもなる。このようなシステムは「人と自然、在来種と外来種、生産と保護の境界線を曖昧にする」と、オーストラリアのモナシュ大学のクリスティアン・カルは言う。広大な自然景観の代用とはならないものの、これを支える働きはできる。人にとっても、地球にとっても好ましいと言えるだろう。

このようなわけで、私たちがその気になりさえすれば、ジャングルとそこに住む生物種を復元できると考えられる理由はいくつかあるのだ。しかも、森林破壊の原動力の一部は力を失いつつある。アフリカ以外では出生率が急速に下がり、現在ブラジルでは女性ひとり当たり平均1.8人、インドネシアでは2.1人となっている。また、多くの西欧諸国では消費傾向に変化が見られ、肉を以前ほど食べなくなった者もいれば、熱帯雨林を破壊したものではないと認証された木製品を求める者もいる。

政府や企業は、有権者や消費者からの圧力を受け、森林破壊から森林再生に転じる方針を公言している。また、熱帯雨林を守る国際的な活動も存在する。たとえば森林管理協議会は持続可能な形で生産された木材に認証を与えている。森林損失を食い止めることを目的とした業界基準もあり、「持続可能なパーム油のための円卓会議」は現在、世界生産量の5分の1以上を対象に認証を行っている。どれも完璧な方法ではないが、熱帯雨林の世界的な復元に欠かせない要素である。

一新すべきは、すばらしい密林に対する私たちの態度であり、政府の政策だ。

人類は密林で生まれた。樹上から下りて草原に出たとき、この星を支配する壮大な旅が始まった。だから、私たちの心のどこかには、森は特別な場所という記憶が残っているのかもしれない。だが、遠い過去の記憶がなんであれ、地球との和解という私たちの必要性の象徴となったのは、ほかでもない密林だった。自然の大いなる復元をめざしたいという私たちの気持ちがどの程度のものか、密林の行く末によって試されることになるだろう。

226頁
森のトイレ
シビンウツボカズラから分泌される栄養豊かな液を舐めるヤマツパイ。ボルネオ島キナバル山にて。ウツボカズラがこのような形状なので、蓋の部分を舐めるには、どうしてもこの体勢になる。ヤマツパイは餌をもらい、お礼にウツボカズラの液体の入った袋の中に窒素の含まれる糞を落とす。同じ山に生息している両種は、不足する栄養分をこうして互いに提供し合っているのだ。

228–229頁
ギリュウモドキの森
アフリカ中部、ルワンダの山腹はたいてい雲に包まれている。ここに巨大なギリュウモドキが群生し、中には樹高20メートル近くになるものもある。枝から蘚類や苔類が垂れ下がり、霧や雨の水分を貯える。

COASTAL SEAS

近海　海と陸の狭間で

「地球は10分の7が海だと思われていますが、深さも含めた立体として考えると、生物が住める空間の97パーセントは海が占めています。海は完全に生命を支配しているのです。気候を左右し、多くの者に食べ物を与え、貿易の幹線道路ともなっています。でも、海は危うい状況にあります。何億トンもの海洋生物が失われ、何億トンもの廃棄物が流れ込んでいます。気候変動は海洋システムを変容させ、そのために大気や陸地に影響が出ています。サンゴ礁の減少は深刻です。私たちは何をすればよいのでしょう?　まず、海の30パーセントを占める海洋保護区の世界ネットワークを作ろうという声を支持することができます。このネットワークは、私たちの地球の青い心臓を回復させるための重要なステップです」

カラム・ロバーツ教授

海洋保護生物学者、海洋学者、受賞作家。

面積は海全体の1パーセントの10分の1に過ぎないが、サンゴ礁には海水魚の4分の1ほどが生息している。生物多様性はどの生態系よりも高いと考える者が大勢いる。

235頁
豊かなサンゴ
西パプア沖、インドネシアのラジャ・アンパット諸島のひとつ、ミスール島付近の豊かなサンゴ礁。軟体サンゴ、クロサンゴ、ヤギ目サンゴ、カイメンを背景に、グラスフィッシュ、ハタ、クラカケチョウチョウウオ、ケショウフグなど、サンゴ礁に生息するさまざまな魚が泳いでいる。あらゆる海洋生物の少なくとも4分の1がサンゴ礁に生息している。

232–233頁
豊かな礁湖
仏領ポリネシアのモーレア島の礁湖を泳ぐカマストガリザメやアカエイ。ここでは漁業が禁止されている。サンゴ礁は最近のサイクロンにも、ヒトデの侵入にも、海水温の季節的な上昇にも耐えられるほど健康で、嵐の大波から島を守る働きもしている。

本章扉
林冠ライフ
ジャイアントケルプの森でまどろむカリフォルニアアシカの子ども。カリフォルニア沖のサンタバーバラ島にて。

236–237頁
軟体サンゴのベッド
南アフリカ東海岸、岩場に生息する軟体サンゴの上を進むマダコ。カタトサカやウネタケの間にカイメンも生息している。この豊かな生態系はアルゴア湾のおかげで強力な波の作用から守られている。

暖かい熱帯の海では、何百匹ものサメがサンゴ礁をゆったりと回り、カラフルな魚とかくれんぼをしている。生物が築いた複雑なサンゴ礁で、目のくらむような死の舞踏が繰り広げられる。サンゴの下部には蠕虫や巻き貝、カサガイ、ホラガイ、イソギンチャク、カイメン、カニ、ナマコなどが生息し、いずれも食べたり食べられたりしながら、栄養物を再循環させている。この海のエル・ドラードは海面下2、3メートルにあり、熱帯の太陽の光がさんさんと降り注ぐ。地球上最も豊かで、最も生物の多様な生態系のひとつだ。

サンゴ礁は熱帯の島の周囲や浜辺に沿って形成され、浅い潟に縁取られる、世界最大の生体構造だ。オーストラリア沖のグレート・バリア・リーフは長さ2000キロメートル、月明かりでも裸眼で見える。サンゴ礁に生息する種の多さは熱帯雨林に匹敵する。歴史の古さでも熱帯雨林と同じくらいのものが多い。

サンゴ礁を作っているのは、イソギンチャクの親戚である小さな軟体動物、サンゴ虫の巨大なコロニーだ。各々が茶碗状の外骨格を形成し、無数の外骨格が融合してサンゴ礁となる。サンゴは褐虫藻という藻類とみごとな共生関係を築いている。褐虫藻は各サンゴの中に住み、隠れ家とする代わりに、サンゴが生きるのに、そして外骨格を作るのに必要な栄養のほとんどを提供する。サンゴはもともと半透明だが、褐虫藻が住みつくと色が出る。

両者の共生関係がサンゴ礁の豊かな生態系の基盤をなす。サンゴ礁ではいたるところで海の捕食者と被食者が生きるための戦いを繰り広げている。サンゴヤドリガニのなかには、自分の周囲にサンゴが成長するに任せ、こぶ状になったサンゴのわずかな隙間から粘液や破片を食べて生きるものもいる。いっぽう、捕食者も戦略を身につけている。ウツボはサンゴ礁に潜み、餌が目の前を通るのをじっと待つ。サンゴ礁に溶け込むように扮装し、そばを通る獲物を捕らえるものもいる。サンゴそのものを餌とする魚は多い。カンムリブダイは褐虫藻を吸い出し、頑丈な歯でサンゴの外骨格を嚙み砕く。サンゴ礁付近の島の浜砂が白いのはこのせいだ。サンゴをついばむ魚はサンゴ礁の健康維持に欠かせない。このような魚がいなくなると、サンゴ礁は侵略的な藻類に圧倒されてしまう。だが、こうした魚はハタやベラ、絶えず周回しているサメなど大型捕食魚の餌となり、増えすぎないよう調整がなされている。

サンゴ礁はほとんどが熱帯の海にある。カリブ海から東アフリカの海岸まで、インド洋や太平洋の環礁から東南アジアの6カ国にまたがる広大な「コーラル・トライアングル」まで。面積は海全体の1パーセントの10分の1に過ぎないが、海水魚の4分の1ほどが生息している。生物多様性はどの生態系よりも——熱帯雨林よりも高いと考える者が大勢いる。

ほとんどのサンゴ礁は、海岸や浅瀬から水平に延びているが、環礁は沖に円を描き、海底まで続いている。熱帯の海に生息しているサンゴは、褐虫藻が光合成に使う日光を十分に得られるよう、水面近くにいる必要がある。では、なぜ沖に環礁ができたのか？　謎を解いたのはチャールズ・ダーウィンだった。水面下の山の上に作られていることに着目した彼は、山が水面から出ているときにサンゴ礁が形成され、その後何百万年もかけて大型化していき、その間に山は波に浸食されたと論じた。

環礁は非常に分厚く、きわめて古いものがある。太平洋に浮かぶマーシャル諸島のエニウェトク環礁は、海底まで1キロメートル以上も延びている。無数の小さなサンゴ虫が6000万年以上もかけて作り上げたこの作品は、破壊不能と思われる。実際、冷戦期の1940年代から50年代にかけて、アメリカがここの礁湖で行った一連の核実験でも、ほとんど壊れなかった。

サンゴ礁は海洋生態系の頂点にあるが、より大きな沿岸生態系ネットワークの一部でもあり、両者が結びついて、より広範囲の海に生息する生物を支えている。このネットワークには海草藻場、ケルプの森、マングローブ湿地林も含まれる。こうしたものがなければ、海洋生物は波や潮、嵐、風や水の渦に絶えず翻弄され、海岸線は生きにくい場となる。だが、いったん生態系が出来上がると、生物にとって安全な場へと変わる。生物は食べ、繁殖し、成長し、死ぬとその栄養はリサイクルされる。さらに、生態系には海岸そのものを保護する働きもある。

熱帯の海岸線はマングローブに縁取られている所が多い。ぱっと見た限りでは、あまり魅力的とは言えないかもしれない。独特の姿の木々が浅瀬、干潮時のぬかるみ、河口などでもつれ合うように生えている。だが、マングローブには耐塩性があるため、他の植物がほとんど育たない場所でも生きていける。そしてサンゴ礁と同様に、じつにさまざまな野生生物の生息地となっている。

水面より上では、枝に鳥が群がり、休み、巣を作り、または餌を食べる。水面下では、絡み合った根が木を支え、絶えず押し寄せる波や潮の流れに耐えている。ここにはカイメン、蠕虫、軟体動物、藻類、エビ類、タツノオトシゴ、稚魚などが集まり、大型の魚やクロコダイルなどの捕食者から身を守っている。

238頁
モルディブの環礁
モルディブのすばらしい環礁。環礁とはサンゴ礁の輪で、モルディブでは22個の環礁が120以上の島々を取り囲んでいる。インド洋の火山性山脈の頂上に形成された。海洋の表層水温が上がっているうえに、2015〜16年のエルニーニョ現象が重なり、サンゴは深刻な白化に見舞われた。ほとんどのサンゴは回復したが、気候変動による温度と海面の上昇の危機は去っていない。

240–241頁
川から海を縁取るマングローブ
インドネシアのラジャ・アンパット諸島のマングローブ林を流れる小川。耐塩性のあるマングローブは、潮の満ち干に洗われながらも堆積物を根で捉え、泥を築いていくが、浅い潮路は残される。ここはカイメンやウミトサカにとって最高の生息地だ。マングローブ林の端は魚の保育場となるだけではなく、浸食や、とくにサイクロン時の高潮から沿岸部を守る働きもする。

上
海草を食べる
海草を食べるアオウミガメ。インドネシアのラジャ・アンパット諸島のひとつ、ミスール島沖の湾にて。背後では、ツマグロ〔サメの仲間〕が小型魚その他の生き物を探して泳ぎ回っている。この湾では、かつてはふかひれ目当てのサメ漁が行われていたが、保護下に置かれてから10年足らずで豊かな海に変貌した。海草は無数の魚や他の生物に餌、生息地、保育場を提供し、海底を安定させ、汚染物質を濾過して取り除く。だが、海草は日光を必要とするため、澄んだ水でないと生育できない。したがって、土砂の流入や、農業など陸上の土壌汚染による海藻の大発生が生じると、あっけなく窒息してしまう。

マングローブ生態系を活用している魚は3000種を越えると考えられている(具体的に知られている種は現在10パーセント程度しかない)。サンゴ礁に生息する魚の多くにとって、マングローブは大切な保育場であり、稚魚は成長するとサンゴ礁に移動する。たとえば、クイーンズランド州のマングローブは、すぐ沖のグレート・バリア・リーフの魚類の維持に役立っている。

水上と水面下の世界は思いがけない形で混ざり合う。マングローブには木登りをするカニも何種か生息しており、海の捕食者を避けたり、葉を食べたりするために木を上る。水から出ても呼吸できるトビハゼは、泥の上を歩いて餌をあさったり、仲間と交流したりする。

マングローブは熱帯の海岸線、川のデルタ、河口、潮汐クリーク〔潮の干満の影響を受ける川〕の側面に生えている。最大の群生地はガンジス川デルタだ。シュンドルボンと呼ばれるこの一帯はインドとバングラデシュをまたぎ、ベンガルトラやその餌となるクロコダイルなど沼沢地の動物の生息地となっている。

人間にとっても、無傷のマングローブ林は海産物の宝庫だ。フィリピンのマングローブ林では、1平方キロメートル当たり年間40トンもの魚、エビ、カニ、軟体動物、ナマコが獲れる。また、マングローブは海の激しい力から沿岸の地域社会を守っている。もつれた根が嵐の大波の力を吸収し、堆積土を捕らえ、沿岸部の浸食を防ぐ。水上では鬱蒼と茂った枝葉が、陸に向かって吹きつける嵐の大風を受け止める。

沿岸生態系は陸地と海の境にあり、肥沃な場所であるため、漁獲される海水魚の90パーセント以上が生息している。

1999年、インドのオリッサ州沿岸部を襲ったサイクロンにより、少なくとも1万人が死亡した。その後の調査で、ここまで犠牲者が出たのは同州のマングローブ林がほとんど伐採され、エビ養殖池が作られたためと判明した。2004年、巨大津波がインド洋沿岸部を襲ったときには、マングローブにより数千人もの人々が救われたと言われている。

マングローブとサンゴ礁は、大部分が熱帯地方に限られているが、海草は生息範囲がもっと広い。東南アジアの島々から地中海まで、北はアイスランド、南はニュージーランドまで生息している。海草が生えている場所は近海の草原と呼ぶにふさわしく、魚その他の海洋生物が豊富に見られる。フロリダ近海には世界最大の海草生息地があり、1ヘクタール当たり10万匹もの魚がいるという。

海草の茂る海には、ウミガメ、ジュゴン、近い親戚のマナティーも生息している。ジュゴンやマナティーら人気の高い「海牛目」は、海洋哺乳類のなかで唯一の草食で、食べるのはほぼ海草のみだ。草食動物がいれば肉食動物がやって来る。捕食者は誰を殺し、誰を生かすかを決めることで、最終的には生態系をコントロールしているのだろう。フロリダ沿岸にはアリゲーターや、バンドウイルカの群れが生息している。イルカは海草の周りの堆積物をかき回し、魚を追い出す。西オーストラリアのシャーク湾では、草食生物が増えすぎないよう、捕食者であるイタチザメが生態系のバランスを保っている。

沿岸生態系は陸地と海の境にあり、肥沃な場所であるため、海水魚種の80パーセント以上、漁獲される海水魚の90パーセント以上が生息している。でも、この状態はあとどのくらい続くのだろう?　海岸線沿いはどこも開発の脅威にさらされている――マリーナ、分譲マンション、ゴルフ場、石油精製所など。持続不可能な漁業も大きな脅威だ。

人類は何千年も前からサンゴ礁を傷つけずに魚を捕ってきた。だが、漁網や誤った場所への投錨は、取り返しのつかない損傷を与えかねない。サンゴ礁でダイナマイトを使い、浮いた魚を捕る漁師もいる。また、とくにインドネシアやフィリピンのサンゴ礁では、シアン化物で魚を気絶させて生け捕りし、観賞用や東アジアのレストラン用に売りつける商売もある。客は水槽で泳いでいる魚を自分で選んで食べるのだ。このように、生きたまま売買される魚は毎年何万匹にも上っている。だが、シアン化物を使うとサンゴ虫も褐虫藻も死んでしまう。この方法で捕らえられた魚1匹で1平方メートルのサンゴ礁が失われる計算だ。

244—245頁

夜の饗宴

仏領ポリネシアのファカラヴァ環礁の夜。サンゴに隠れている小型魚目当てに、オグロメジロザメが集まってくる。2006年、この環礁水域では自家消費漁業以外の漁業はすべて禁止された。今やここのオグロメジロザメは生息数が世界一となった。サメの数は、冬に産卵のため訪れるハタその他の魚の群れの大きさに左右される。サメ漁から保護されていることも大きい。

水温上昇とサンゴの白化

沿岸生態系を保護すれば、自然にとっても、それで生計を立てている人々にとっても大きな利益がもたらされる。だが、海の世界的な脅威、とくに気候変動にも取り組まなければ、成功は望めない。

サンゴ礁は海水温上昇にとくに弱いのだ。季節による温度の変化や、エルニーニョ現象など自然のサイクルには適応できるものの、水温のさらなる上昇にサンゴは限界を越えつつある。正常な水温より1～2℃以上高い状態が続くと、褐虫藻はサンゴの群落から排出される。

その結果、サンゴの白化が生じる。褐虫藻がいるために色がついていたサンゴ礁が白く変わるさまは劇的だ。白くなってもサンゴはまだ生きているが、浸食されやすくなる。そして数週間以内に褐虫藻が戻らないと、サンゴは餓死する。

白化はかつてはめったに見られず、生じても短期間だった。だが、近年は繰り返し生じている。2016年、記録的な高温とエルニーニョ現象が太平洋で同時に起きたとき、白化は初めてほぼ世界中で報告された。グレート・バリア・リーフ北部では、サンゴが50パーセント以上白化した場所もあった。

地球上の主な生態系のうち、気候変動によって最初に広範囲の損害が出るのはサンゴ礁だ。今の気温傾向が続くと、サンゴ礁の大半は2050年までに死ぬ可能性がある。また、気候変動と関連して、海水の酸性化も脅威となる。気温上昇の原因となる過剰な二酸化炭素の多くは海水に溶け、それにより海水はわずかに酸性化する。酸は炭酸カルシウムを溶かす。炭酸カルシウムは、サンゴ礁やそこに住む多くの生物の殻や外骨格の成分である。一部の研究によると、サンゴの外骨格形成率はすでに40パーセントも下がっているそうだ。

上：水温が異常に高いために死んだサンゴや瀕死のサンゴ。クイーンズランド沖グレート・バリア・リーフ北部にて。

ペルー沖は世界で最も
生物学的生産性の高い海だ。

これほど目立たない脅威も存在する。サンゴ礁は、対立する力と力が存在することで持続しているのだが、漁業はこの自然のバランスを崩しかねない。この30年間、オニヒトデはサンゴの再生よりも速いスピードでグレート・バリア・リーフのサンゴを食べている。これは、化学肥料などの流入による富栄養化のせいもあるが、オニヒトデを補食するサンゴ礁の魚を人間が獲りつくし、オニヒトデの天敵がいなくなったせいとも考えられる。

サンゴ礁が直面している脅威はまだ他にもある。土産物ハンター、船の投錨、そして安い建材を求める人々だ。さらには浚渫や陸の森林破壊で生じる沈泥、下水の流入——いずれもサンゴを窒息させ、褐虫藻が必要とする日光を濁りでさえぎる可能性がある。サンゴ礁に絡まるプラスチック廃棄物も増加している。プラスチックはサンゴに病気をもたらしたり、潜伏させたりすることが多い。

それやこれやで、熱帯のサンゴ礁は1980年代からほぼ半減し、汚染や乱獲で状態が悪化しているものも多い。海草はますます姿を消している。農園から化学肥料などが川から海へと流れ込み、富栄養化が生じているのが主な原因だ。おそらく4分の1は消失している。そして、世界のマングローブ林は過去30年間に5分の1ほどが消失した。臨海開発やエビの養殖池を作るために伐採されたのだ。沿岸生態系の多くは小型魚の繁殖場であり保育場であるのだが、こうした魚の消滅により遠洋漁業も危機を迎えつつある。

沿岸部の自然の恵みはさまざまな、そして思いがけない形でもたらされる。鳥の糞はその一例だ。南米のペルー沖、太平洋に浮かぶ島々には、グアノと呼ばれる糞が積もり、その高さは30メートルを超える。グアナイムナジロヒメウ、カツオドリ、ペリカンなどの海鳥が大群をなし、そそり立つ岩と化したグアノに巣を作るためだ。19世紀には、窒素の豊富なグアノはさかんに利用されていた。世界最大級の肥料の素だったのだ。その後に化学肥料が主流となったが、グアノは今日でもオーガニック肥料として世界的に需要がある。

鳥はなぜここに巣を作るのか？　なぜここに戻ってくるのか？　理由は、近くの沿岸部が世界で最も乾燥した砂漠のひとつだからだ。

鳥が集まるのは、生物学的生産性の非常に高い海がすぐそこにあるからである。冷たい海水が大陸の端に沿って底から上がってくる。フンボルト海流と呼ばれるこの海流により、海底の栄養物が光の射し込む水面付近に運ばれ、植物プランクトン（藻類）が大量に育つ。

248–249頁

グアノを産する鳥

50万羽はいるだろうか。ペルーの砂漠の沿岸部に面したプンタサンフアンのグアノ保護地にコロニーを築いたグアナイムナジロヒメウ。沖の冷たいフンボルト海流で見つかる魚だけを頼りに生きている。主な餌魚は巨大群をなすペルーカタクチイワシ、そしてトウゴロウイワシやカジカの仲間だ。水温の変化や乱獲でカタクチイワシが激減すると、ヒメウも激減する。今日では250万～500万羽がペルー沿岸からチリ北部にかけて生息している。1950年代には2000万羽を越えていた。

植物が栄えると、草食動物が集まり、続いて捕食動物が集まってくる。その結果、カタクチイワシ、サバ、イワシの大群を含む豊かな生態系が沖合に出来上がる。喜ぶのは鳥だけではない。人間もだ。この数年、網を使った漁法による世界の漁獲量の10分の1がこの狭い水域からもたらされている。

海洋は私たちにとって最後の広大な狩り場だ。魚の個体数の少なくとも30パーセントは、すでに乱獲により失われているが、魚はまだ漁網を満たしている。漁業は雇用機会を与え、何億もの人々にタンパク質を与える。適切な操業を行い、激減した魚に回復の猶予を与えるなら、私たちは海洋の自然を蘇らせ、遠い将来までニーズを満たしていける。

乱獲の歴史は長い。場所によっては、近海魚の個体群が1000年以上も前から徐々に減ってきていると思われる。その最たる例がタイセイヨウニシンだが、減少に拍車をかけたのは近代漁業の工業化、海洋汚染、そして最も生物学的生産性の高い沿岸生態系の多くを私たちが破壊してきたことである。

個体群はいきなり消滅する場合が多い。1950年代、西半球で最も漁獲量の多いイワシが、アメリカ西海岸沖から突然姿を消した。1992年には、大西洋で個体群の大きさを誇るタイセイヨウダラが、何十年もの乱獲の末に、カナダのニューファンドランド島沖グランド・バンクスからいなくなった。

今日では、他の主な魚類個体群も危機に瀕している。水揚げされた魚のなかには、食用とされないものもある。サメの年間水揚げ量は推定1億トン、サメ漁による漁獲も、他の魚種の漁に紛れ込んだサメも含む数値だ。かつてのサメ漁はふかひれスープ用のひれだけが目的で、ひれを切り落とされたサメは生きたまま海に捨てられていたが、最近ではサメ肉市場が出現しつつある。多くのサメ種は、ふかひれ貿易のせいで絶滅の危機に瀕している。

海から魚がいなくなっていることは、WWFの「生きている地球レポート」を見ればわかる。過去半世紀のうちに、海洋生物は36パーセント減少したと記されている。また、世界の漁業管理を監視している国連食糧農業機関（FAO）も、魚類個体群の3分の1近くがいまだに乱獲され、さらに漁獲枠ぎりぎりまで水揚げされている個体群は60パーセントに上ると報告している。

それでも、すべてが失われたわけではけっしてない。一部の魚類個体群は減少し続けているものの、たとえば北海のように漁業規制を強化した結果、回復の兆しが見えてきたケースもある。これをもって、海洋生態系がよみがえり始めたと言ってよいのだろうか？

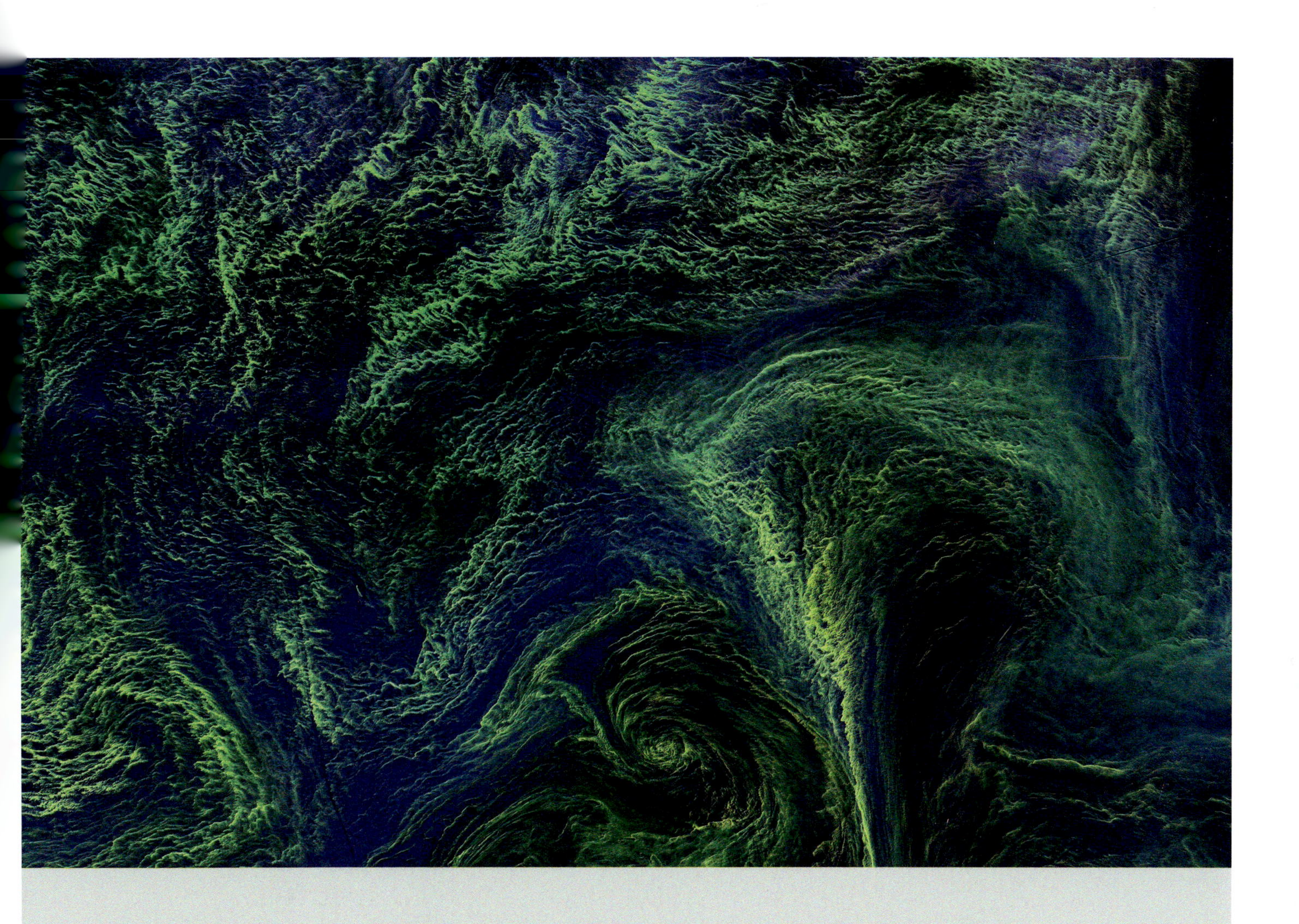

酸欠海域「デッドゾーン」

人口密度の高い沿岸部を擁する地域海は、深刻な問題を抱えている場合が多い。大型河川が海に流れ込む地中海、南シナ海、メキシコ湾などでは、莫大な汚染物質がもたらされている。とくに問題なのは、施肥した畑から流れ出す窒素と、都市から出る下水だ。

大量の窒素はリン酸の助けを得て、藻類やシアノバクテリア（藍藻類）の成長を刺激し、広範囲にわたり大発生することがある。有害となる場合もあり、たとえ有害ではなくても、藻類が死んで分解される際に大量の酸素が消費されるため、水中の酸素が枯渇してしまう。酸素がなくても生きられる生物はほとんどいないため、あらゆるものが死に絶えたデッドゾーンと呼ばれる酸欠海域が誕生する。

世界全体で500カ所以上のデッドゾーンが確認されている。1950年以降、沿岸海域ではデッドゾーンの面積が10倍になった。ほぼ毎年、夏になるとアメリカ中西部の農業中心地から窒素がミシシッピ川に流出し、メキシコ湾にデッドゾーンが誕生する。2017年には面積が2万平方キロメートルとなり、過去最高を記録した。

デッドゾーンは自然に生じる場合もある。とくに何度も繰り返し生じる場所のひとつに黒海の最深部が挙げられる。ただ、20世紀半ば以降は海洋汚染のためデッドゾーンが拡大し、黒海北西部の海草藻場が壊滅した。海草は酸素を発生し、海の表層部の生物を生かしていたのだが、壊滅したため魚はほとんど姿を消し、代わりにクラゲが侵入してきた。一時期、クラゲは黒海全体の海洋生物の95パーセントをも占めていた。クラゲは暖かく濁った水を好み、海水中の酸素が少なくても生きられる。かつての海を取り戻し、他の水域でこのような事態を防ぐためには、都市の下水処理を改善し、農地での化学肥料や堆肥の使用をより効果的にする必要がある。

上：バルト海広域に大発生したシアノバクテリアの航空写真。藻類の大発生はデッドゾーンと呼ばれる酸欠海域の原因となる。

海洋は私たちにとって最後の広大な狩り場だ。適切な操業を行い、激減した魚に回復の猶予を与えるなら、私たちは海洋の自然をよみがえらせることができる。

本格的な回復を目指すには、乱獲をやめるよう呼びかけるだけでは足りない。現在残っている、きわめて多くの命をはぐくむ沿岸生態系、サンゴ礁、マングローブ林、海草の保護も必要だ。容易にできるものではないが、適切な保護をすれば、海洋保護区の魚は数も大きさもかなり増加するという証拠が上がっている。これが実現すれば、保護区外での漁獲量も増えるだろう。魚は保護区に出たり入ったりするからだ。したがって、沿岸地域の人々のためにもなる。

アズハルの話を紹介しよう。彼はインドネシアの大きな熱帯の島、スマトラ島のアチェ州ラム・ウジョン村の村長だ。2004年、スマトラ沖地震による津波でアチェは壊滅的な被害を受けた。インド洋の震源地はすぐそこだったのだ。津波は魚の養殖池を越え、何十もの町や村を呑み込んでいった。アチェでは20万人ほどが亡くなった。

沿岸のマングローブが残っていた場所では、最悪の衝撃を避けられた人が多かったが、ラム・ウジョンでは村民がマングローブをほとんど取り除き、沿岸に魚やエビの養殖池をずらりと作っていた。お金になる商売だったが、津波の犠牲者の多さに、誰もが考えを改めざるを得なくなった。

アズハルは、魚の養殖とマングローブ林の復元を組み合わせるという斬新な構想を後押しした。10年後、彼は村民が津波の後に植えた30万本のマングローブを、胸を張って人々に紹介できるようになっていた。村を流れる川の岸辺にも、魚の養殖池の中にも、木々は根を張っている。

木々は堤防の浸食を防ぎ、養殖池の水質を改善し、漁獲量を増やした。また、マングローブに集まってくるカニを大量に獲れるようにもなった。

生態系にとっても利益となっているのは明らかだ。かつて、ここにはイノシシやサルが住み、トラもたまに見かけることがあった。その頃とは様相が異なるものの、西に傾きかけた太陽の下、養殖池を見て回っていると、水鳥の姿がそこかしこに見られ、オオトカゲが堤防に沿って走り去っていく。

何よりも、マングローブ林をよみがえらせたことで、将来また津波が来たとしても、村人たちは生き延びるチャンスが増える、とアズハルは言う。また、魚の養殖池の中にマングローブを植えても、生産性が落ちないことも大きい。これは良い妥協案だった。まだ津波の被害から立ち直っていない他の地域でも通用する、と

252頁
マングローブを再び
バリ林業部から派遣されたチームが、河口にマングローブの苗木を植えている。干潟で生長するにつれ、木々は堆積物を捉え、土地を浸食や嵐の高潮から守るバリアを築く。さらに、稚魚が育つ場を提供し、地元民の漁獲量にも貢献する。

255頁
はぐくむ根
軟体サンゴのポリプに覆われたアメリカヒルギの根のそばを泳ぐテッポウウオ。インドネシアのラジャ・アンパット諸島のひとつ、ミスール島にて。マングローブ林はサンゴからイリエワニまで、さまざまな海洋生物が生息地として、産卵場所として、保育場として利用する。

256−257頁
生物群集の一部
舷外材付きのカヌーに乗り、サンゴ礁の浅い海を滑るように進む漁師の父と子。パプアニューギニアのニューブリテン島、キンベ湾にて。この一帯は平坦な深海盆に海山が点在し、その頂上はサンゴ礁が縁取り、非常に多様な生物が見られる。湾内の魚の産卵場、ねぐら、保育場は保護下に置かれ、地元民が見回っている。こうした保護区のネットワークは、漁師が依存する海洋資源の保護に役立つ。

彼は考えている。アチェに限った話ではない。彼の村には、やはり津波の被害に遭ったスリランカやタイなどからも見学者がやって来る。経済と生態系、新しいものと古いものを組み合わせた斬新な方法が成功する秘訣を、誰もが知りたいのだ。

インド洋と太平洋の間に1万3000以上もの島々が点在しているインドネシア諸島には、世界のどこよりも多くのサンゴ礁、マングローブ林、海草藻場がある。そして、多くの村落が沿岸生態系を復活させる利点に気づき始めている。2004年の津波以降、アチェ州だけで200万本ものマングローブを海岸線沿いに植林している。

インドネシアの西パプア州ラジャ・アンパット諸島では、サンゴ礁の復活への関心が高まり、沿岸地帯の村落はミスール海洋保護区の設立に協力した。この保護区は面積がシンガポールの2倍近くあり、世界屈指の生物多様性を誇るサンゴ礁システムを有している。

保護区内のサンゴ礁は12万ヘクタール。かつてはダイナマイト漁、乱獲、サメ漁で傷めつけられていたが、今日ではいずれも禁止され、保護区の中心部は「禁漁区」となった。漁業だけでなく、ウミガメの卵の採取なども禁じられている。

村民はサンゴ礁の一部を高所得者層のダイバーに貸し出し、観光収入を得ている。また、公園管理人や、サメのひれやウミガメを狙う外国の漁船を遠ざける巡視船の操縦士といった仕事も収入源となった。

おかげで生態系に劇的な変化が訪れた。保護区を設定後、最初の6年間で地元の水産資源は推定250パーセント増、サメやマンタの生息数は2000パーセント増となった。インドネシア政府は2020年までに2000万ヘクタールの海洋保護区を国内に計画しており、沿岸集落を対象に保護区の見回り要員を募っている。ミスール海洋保護区は先駆けとなったのだ。

インドネシアだけではない。2004年の津波で3万人以上が亡くなったスリランカは、国内のマングローブ林をすべて保護すると宣言した最初の国家となった。2015年、スリランカ政府は公約を果たした。国内のNGOや小規模漁業者連盟を通じて村の女性1万5000人を雇い、現存するマングローブ林9000ヘクタールの保護と、48の沿岸礁湖に4000ヘクタールのマングローブ林を新たに作るための植林を開始したのだ。

スリランカのマングローブ林は生物の多様なホットスポットで、沿岸周辺には少なくとも20種の生物が生息している。また、国民の多くに日々の糧を提供してもいる。スリランカで摂取されるタンパク質の3分の2は魚由来で、魚の80パーセントはマングローブが生えている沿岸礁湖で獲れたものだ。

海中の森

熱帯以外の沿岸生態系は、ケルプの森に支配されていることが多い。この巨大な海藻は、まるで水中にそびえる木のようだ。地球上の植物の中で生長の速さは1、2位を争う。海底に根を張り、1日に50センチも伸び、最終的には45メートルにも達する。海面付近の林冠は鬱蒼と茂っている。オーストラリアや南カリフォルニアの沖にはケルプの巨大な森があるほか、チリ南部からスコットランドまで、タスマニアからロシア極東まで分布している。

ケルプの森の位置はきちんと記録されていない場合が多いが、世界中の海岸線の4分の1程度を占めると思われる。その多くには食用となる魚介類を含め、多様な生物が生息している。

ケルプの森は大きく、生長も早いが、乱獲により天敵がいなくなった海洋生物による食害に弱く、嵐が来るとずたずたに引き裂かれる。ウニはケルプを大量に食べるため、森全体を破壊しかねない。タスマニアには、かつてケルプの広大な森があったが、95パーセントが消失した。ウニの食害によるところが大きい。ウニのために砂漠化した海を、生物学者は「ウニ焼け」と呼ぶ。

2016年の世界規模での研究によると、ケルプの森は38パーセント減少し、ウニもその一因となっている。だが、ケルプが生息している水域の27パーセントでは、逆に森が拡大していることも判明した。カナダ西海岸沖では、ウニを食べるラッコの個体数が復活したためだった。ニュージーランドではロブスターが、カリフォルニアのチャンネル諸島ではカリフォルニアコブダイが、ラッコと同じ役割を果たしている。ケルプの森は脆弱ではあるものの、近海の多くの生物と同様に、すばやくコロニーを再建できる。これは良い知らせだ。

上:ジャイアントケルプの森を泳ぐカリフォルニアコブダイ。ケルプを食すウニの主な捕食者。

多くの村落が沿岸生態系を復活させる利点に気づき始めている。

だが、この数十年で多くのマングローブ林がエビ養殖池に変わるにつれ、礁湖の漁獲量は1日当たり20キログラムから4キログラムにまで落ち込んだ、と小規模漁業者連盟の創設者アヌラダ・ウィックラマシングは言う。マングローブ林の復元により、魚が戻ってくるよう彼は願っている。「スリランカの漁民にとって、マングローブは海のルーツですから」

こうした構想は規模を拡大する必要がある。海洋生態系とそれがはぐくむ魚類の回復を求める声は世界各地から上がっている。実現のためには、陸の保護区と同様に、海洋保護区の世界的ネットワークが欠かせない。

2000年以来、海洋保護区は急速に拡大している。今日では世界中の海の約7パーセントを占め、10年あまり前の10倍となっている。国の管轄内にある近海では16パーセント、陸上の保護区域とほぼ同じ割合である。

2010年以降、新たに加えられた最大の海洋保護区は、イギリスの海外領土である南太平洋のピトケアン諸島周辺で、ここのサンゴ礁は世界で最も荒らされておらず、最も深い水域にある。隣のクック諸島には15の環礁があり、世界でも珍しい海鳥が生息している。また、北太平洋のハワイ諸島は世界最大の保護区で、絶滅危惧種のハワイモンクアザラシを始め、1500種以上もの固有種の生息地となっている。

このような保護区の多くにサンゴ礁がある。今日、世界中のサンゴ礁のうち4分の1ほどは、なんらかの形で保護されている。保護下のサンゴ礁には世界最大のもの、世界で最も重要なものも含まれる。だが、保護は完璧なものとはほど遠い。たとえば、オーストラリア沖のグレート・バリア・リーフは大部分が海洋公園となっているが、魚を守るためにあらゆる漁法が禁止される禁漁区は、公園のわずか3分の1程度だ。しかも、クイーンズランドから外国市場に運ばれる石炭その他の原料を積んだ船は、いまだにサンゴ礁を通り、事故も何度かあった。

もう少しましなニュースも紹介しよう。2017年、ベリーズ・バリア・リーフ保護区の周辺300キロメートル内での石油探査が禁止された。この保護区には1400種ほどの海洋生物が生息し、タイマイ、マナティー、エイ、サメ6タイプも見られる。ここは西半球最大のメソアメリカ・バリア・リーフの一部をなしている。

漁業:減らせば増える
国連食糧農業機関(FAO)によると、商業漁業の対象となる海水魚個体群のうち、30パーセント以上が乱獲され、60パーセント近くが漁獲枠ぎりぎりまで水揚げされているという。同時に、魚の消費量も増えている。対策として、漁獲割当量を設定、実施する、補助金をやめる、混獲(目的以外の生物)を減らす、個体群の回復が見込まれる場所を海洋保護区とする、などが挙げられる。

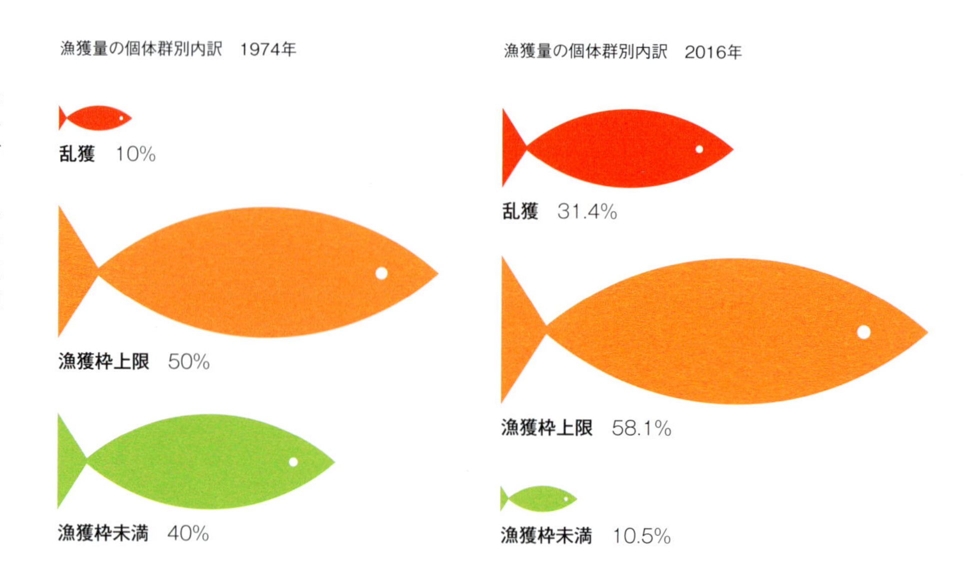

261頁
ごみ
「混獲」された獲物の箱。写真は、地中海の底引き網にかかった目的外の生物。ヒトデ、ウニ、ホウボウ、タコ、アンコウ、アジの稚魚などが見える。これらは漁船から海に捨てられることになる。トロール漁業は無差別に生物を水揚げするが、獲物の取捨選択は法的な制約よりも市場の需要がものを言う。

262–263頁
破壊されたバリア
グレート・バリア・リーフの一部。世界遺産に登録され、オーストラリア東海岸を守っている。グレート・バリア・リーフの将来は鉱業開発の規制と、農業や伐採により流出する窒素や堆積物の制御にかかっている。だが、本当の脅威は海洋温暖化で、ここのサンゴはすでに半分が死んでいる。

管理の行き届いた海洋保護区は、目を見張るほどの効果をもたらし得る。「生物は人が思っているよりも早く戻ってきます——3年、5年、10年のうちに。そして、生物が戻ってきた場所は、すぐに経済的恩恵がもたらされるのです」と、カナダのダルハウジー大学で教鞭を執る海洋保護活動家、ボリス・ワームは言う。海洋保護区のおかげで漁獲量が4倍になり、生物多様性が5分の1増加したケースもある。ただ、保護区の設定によって、より多くの稚魚が沿岸の保育場から沖に出ていけるようになるものの、遠洋漁業に規制がなければ漁獲量は減少する。単純な乱獲防止策を講じるだけで、生態系にも魚類個体群にも非常に有益となるという証拠が上がり始めている。

世界の漁場の5分の4を占める約5000カ所を対象とした最近の研究によると、良識ある管理を行えば10年前後で魚は6億トン以上も増え、530億ドルもの利益を生み、漁獲枠を現在より20%増やしても持続可能な操業ができるそうだ。

こうした調査結果から、賢明な保護によって自然も回復し、人間が安心して獲れる量も増えることがはっきりわかる。人も地球も支えることになるのだ。

単純な乱獲防止策を講じるだけで、生態系にも魚類個体群にも非常に有益となる

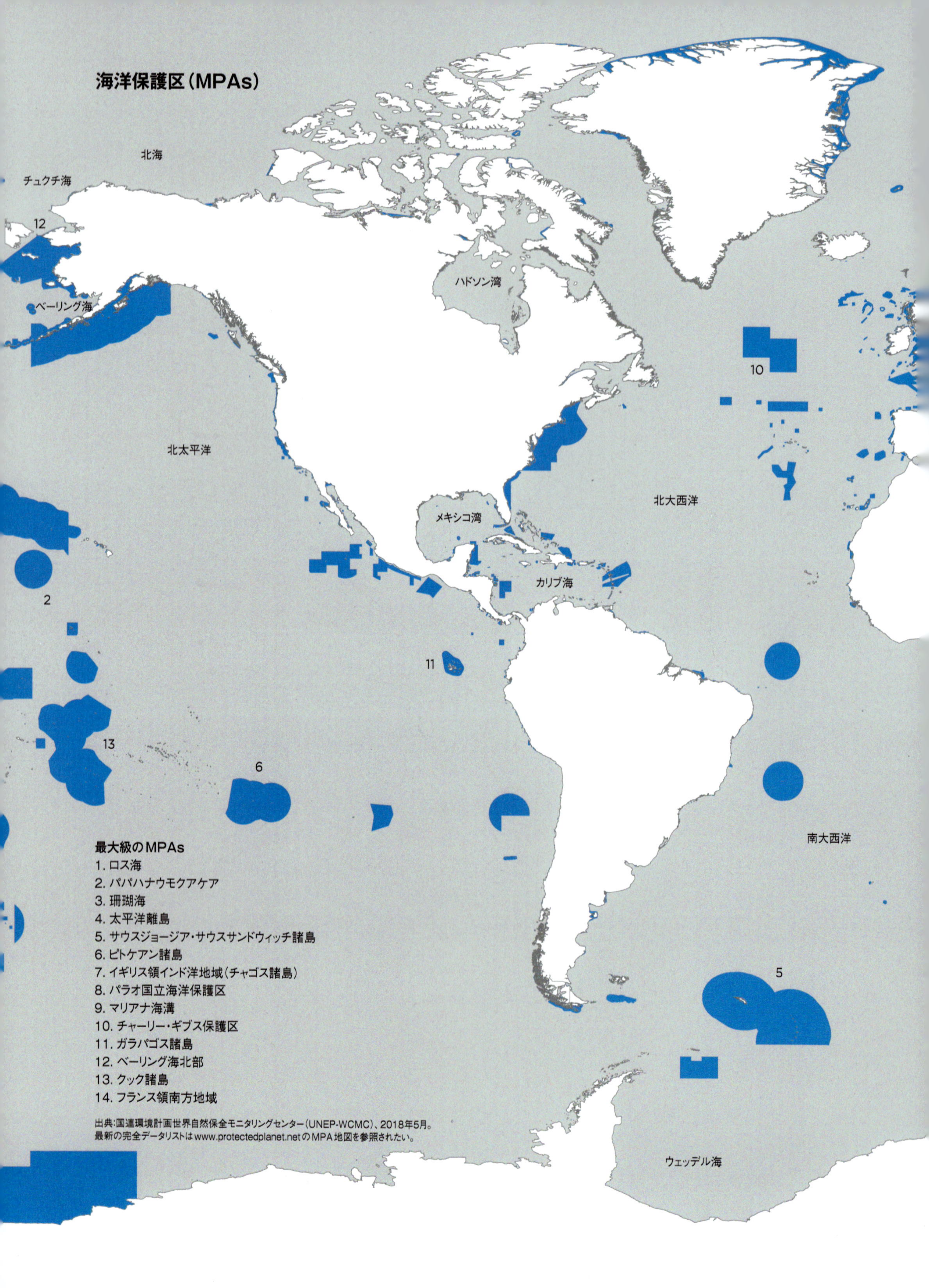
海洋保護区（MPAs）
北海
チュクチ海
12
ベーリング海
ハドソン湾
10
北太平洋
北大西洋
メキシコ湾
カリブ海
2
11
13
6
南大西洋
5
ウェッデル海
最大級のMPAs
1. ロス海
2. パパハナウモクアケア
3. 珊瑚海
4. 太平洋離島
5. サウスジョージア・サウスサンドウィッチ諸島
6. ピトケアン諸島
7. イギリス領インド洋地域（チャゴス諸島）
8. パラオ国立海洋保護区
9. マリアナ海溝
10. チャーリー・ギブス保護区
11. ガラパゴス諸島
12. ベーリング海北部
13. クック諸島
14. フランス領南方地域
出典：国連環境計画世界自然保全モニタリングセンター（UNEP-WCMC）、2018年5月。
最新の完全データリストはwww.protectedplanet.netのMPA地図を参照されたい。

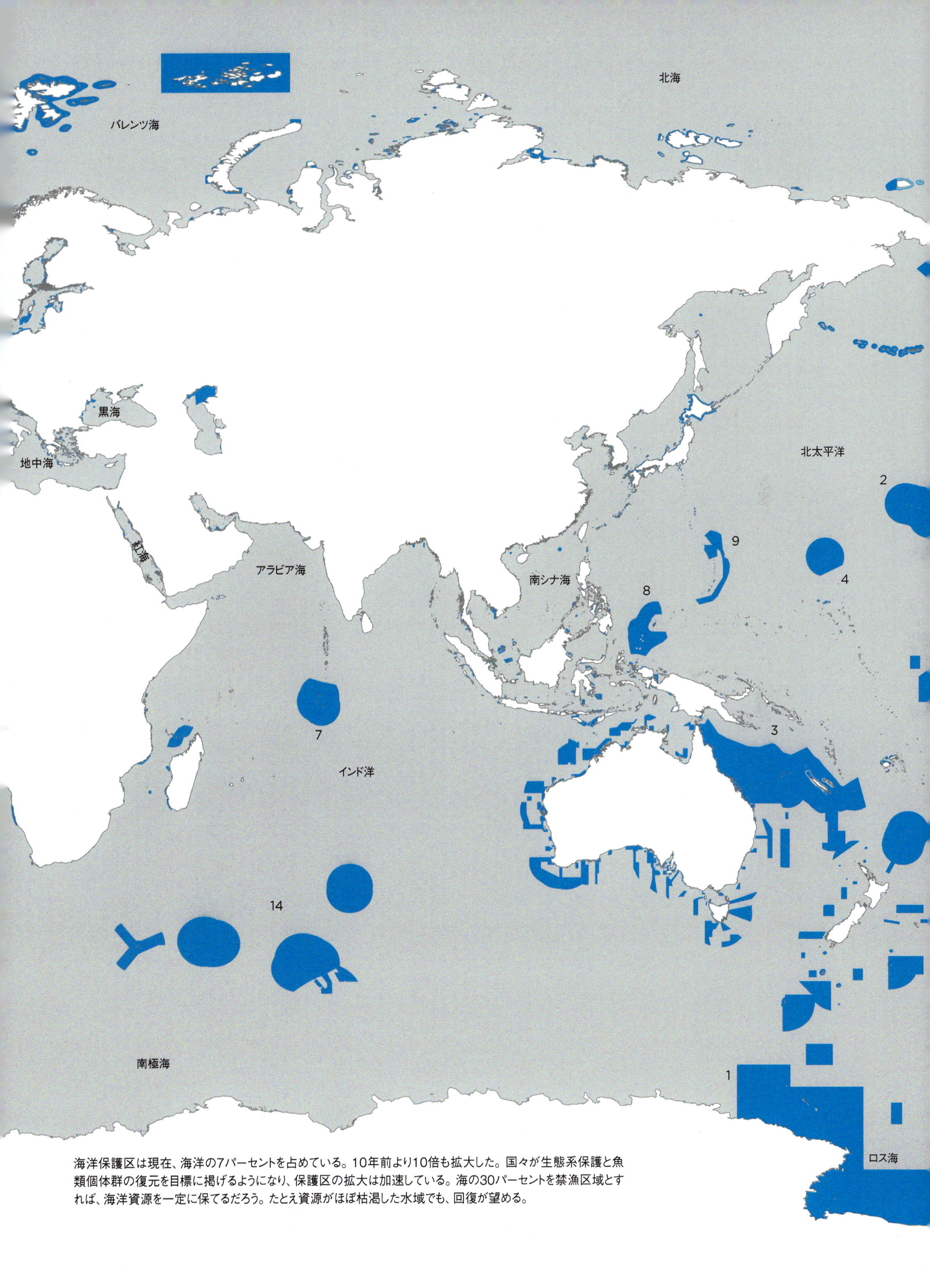

海洋保護区は現在、海洋の7パーセントを占めている。10年前より10倍も拡大した。国々が生態系保護と魚類個体群の復元を目標に掲げるようになり、保護区の拡大は加速している。海の30パーセントを禁漁区域とすれば、海洋資源を一定に保てるだろう。たとえ資源がほぼ枯渇した水域でも、回復が望める。

HIGH SEAS
遠洋　地球最後の未開地

「大昔から、海はあらゆる生命の源であり、文明の交差路でもありました。人類が海の中を比較的自由に探索できるようになったのは1943年、ジャック・クストーが自ら考案したアクアラングを初めて試験したときからです。それから短期間のうちに、海の神秘がようやく解明しかけたばかりだというのに、人類は容赦なく次々と海を破壊していきました。気候は変わり、プラスチックや化学物質は海底にたまり、かつては無尽蔵と思われた魚介類は今や姿を消しつつあります。それでも、希望はあります。歴史をひもといてみると、私たちが努力すれば、解決できない問題はなく、克服できない課題はないことがわかります。私たち自身のため、そして未来の世代のために、豊かで健康的な世界を築く能力を私たちは備えているのです」

フィリップ・クストー、アシュラン・クストー

海洋探険家、環境擁護者、ジャーナリスト、映画制作者

捕鯨の一時禁止により、大型のクジラは個体数を回復する猶予を与えられ、21世紀の自然の復元に向けた希望の灯となっている。

271頁
かつての光景
南アフリカ沖の南大西洋で餌を採る100頭以上のザトウクジラの大群。栄養豊かな海で、オキアミその他の小型甲殻類を食べている。産業捕鯨により激減するまでは、このような光景が普通に見られていたのだろう。

268–269頁
大勢の捕食者
太平洋に浮かぶメキシコのレビジャヒヘド諸島沖で、小型魚の球形群を襲う捕食者の数々。サメの仲間だけでもクロトガリザメ、ドタブカ、ガラパゴスザメ、カマストガリザメが、そしてさらにキハダやツムブリまで集まっている。餌魚が海底方向に逃げないよう、あらゆる方向から水面に追いつめる。

本章扉
戻ってきたシロナガスクジラ
メキシコ沖をゆくシロナガスクジラの母子。捕鯨が盛んになる前は、おそらく25万頭はいたと考えられている。今日では1万頭、それでも、この長寿な巨獣は徐々に増えつつある。

272–273頁
ビッグマウス
南アフリカ沖、思いきり口を開けてオキアミを呑み込むザトウクジラ。1日で半トン以上ものオキアミを消費する。

1970年代から1980年代にかけて、環境運動はクジラに関するものが多かった。野蛮な捕鯨の中止を求める声は大きく、巨大な海洋哺乳類の利用停止の要求もあった。1980年代までに、大型のクジラは生息数の3分の2以上が大型捕鯨船の中へと姿を消し、コルセットから寿司、ろうそく、マーガリン、香水、口紅と、あらゆるものに変えられていた。クジラに打ちこまれた銛(もり)は体内で爆発するのだが、爆発物にはクジラの脂から作られたニトログリセリンが含まれていることが多く、クジラに対する最大の屈辱であった。

捕鯨は全盛期には社会から称賛を受けていた。だが、やがてクジラと銛の間に小さなゴムボートで割って入る環境活動家の映像が世に広まり、捕鯨の評判は地に落ちた。

1986年、国際捕鯨委員会はついに商業捕鯨の世界的な一時禁止を決議した。日本、ノルウェー、アイスランドから反対があったものの、一時禁止は現在も続いている。これにより、大型のクジラは個体数を回復する猶予を与えられ、21世紀の自然の復元に向けた希望の灯となっている。

大型のクジラは13種、まさに海の巨大生物で、地球最大の動物も含まれる。シロナガスクジラは体長30メートル、体重175トンにも達し、心臓は自動車並みの大きさだ。恐竜もここまで巨大ではなかった。

捕鯨が始まるまでは、個体数の多さと体の大きさから、クジラは海洋生態系の支配者として君臨し、北太平洋の海洋生物が餌とするプランクトンの3分の2を消費していた。

だが、クジラは海の略奪者ではない。それどころか、海洋生物が生きるために貢献している。深海で餌を食べ、水面で排泄することで、ポンプのように深海から栄養物を循環させる。これを「クジラポンプ」と言う。死んだ鯨は海底に沈み、スカベンジャー(腐食動物)のご馳走となる。一頭で最高80年も餌を提供し、何百万トンもの栄養物を海の生態系に還元する。

クジラは海を水平にも垂直にも移動する。たとえば、ザトウクジラは1年間に1万9000キロメートルも移動する。半年間は極付近で餌を食べ、その後繁殖のために熱帯の海へと移動する。移動中は栄養をとるが、繁殖中は食べない。クジラは海を荒らし回るどころか、栄養物の循環を維持し、あらゆる海洋生物に役立っているのだ。

遠洋は地球最後の、そして最大の未開地だ。ほぼ全域が生物の生息地となっている。

275頁
マグロのご馳走
カリフォルニア沖でカタクチイワシの大群を襲うタイヘイヨウクロマグロ。最も高値がつくこの魚は人間に狙われ、97パーセントが失われた。カタクチイワシは成長が速く、比較的すみやかに個体数を回復できるが、マグロなど大型の捕食魚は成長が遅く、成熟するまで何年もかかる。

276–277頁
捕食される捕食魚
海で捕獲され、地中海のいけすで太らされている体長2メートル近いタイセイヨウクロマグロ。タイセイヨウクロマグロもタイヘイヨウクロマグロも乱獲され、自然界では個体数が激減している。

大型のクジラはだいぶ前から減少し始めていた。商業捕鯨は1000年前までさかのぼる。スペインのバスク人がタイセイヨウセミクジラを捕りに出航したのが始まりだった。捕鯨は広まり、近海からクジラが姿を消すと、遠洋に進出するようになった。18世紀末には北極海で一財産が築けたが、その後漁場は世界全体へと広がった。捕鯨は初期のグローバルビジネスのひとつだったのだ。

20世紀半ばには、解体が行える巨大な捕鯨船が活躍し、年間5万頭ものクジラが殺されていた。多くの場合、殺害数は公式に記録されなかった。捕鯨の一時禁止が決定された後、ロシアの捕鯨検査官たちの回想録が公開された。これによると、1959年から1961年の3年間にソ連の捕鯨船団は南氷洋だけで2万5000頭のザトウクジラを殺害していながら、報告書にはわずか2710頭と記録されていた。

捕鯨は海の生態系を根本的に変えた。現代の遺伝学的研究によると、かつて世界の海を回遊していたザトウクジラは150万頭、ミンククジラも同数、そして巨大なシロナガスクジラはおそらく25万頭だったという。ザトウクジラもシロナガスクジラも数千頭にまで減ったため、今日の海はより小型の生物が支配している。かつてマッコウクジラが栄えていた熱帯太平洋では、現在イカが栄え、南氷洋ではシロナガスクジラがほとんど姿を消したため、オキアミを餌とするオットセイが増えている。

巨大な海獣が外洋を支配していた時代に戻ることはできるだろうか?　はっきりした答えは出しにくい。海洋汚染、騒音、船のプロペラとの衝突、漁網がクジラの大きな脅威となっているせいもある。だが、最近では部分的な回復がなされつつあり、クジラを追う船はほとんどが観光客で一杯だ——ホエールウォッチングは20億ドルのビジネスとなっている。

半世紀前、シロナガスクジラは「機能的絶滅」〔種の存続が不可能〕と考えられていた。だが、捕鯨が一時禁止されて以来、生息数はまだ非常に少ないものの、およそ2倍に増えている。コククジラの繁殖地であるメキシコ西岸のカリフォルニア湾では、多くのクジラが再び見られるようになった。数千頭まで減っていたザトウクジラは30年間で10倍以上増え、個体数は10万頭前後となった。遠い過去と比べたらごくわずかだが、20世紀初頭の個体数に近づきつつある。しかも、数はまだ増えている——海の豊かさと回復力の勝利だ。大型海獣の時代は復活するかもしれない。

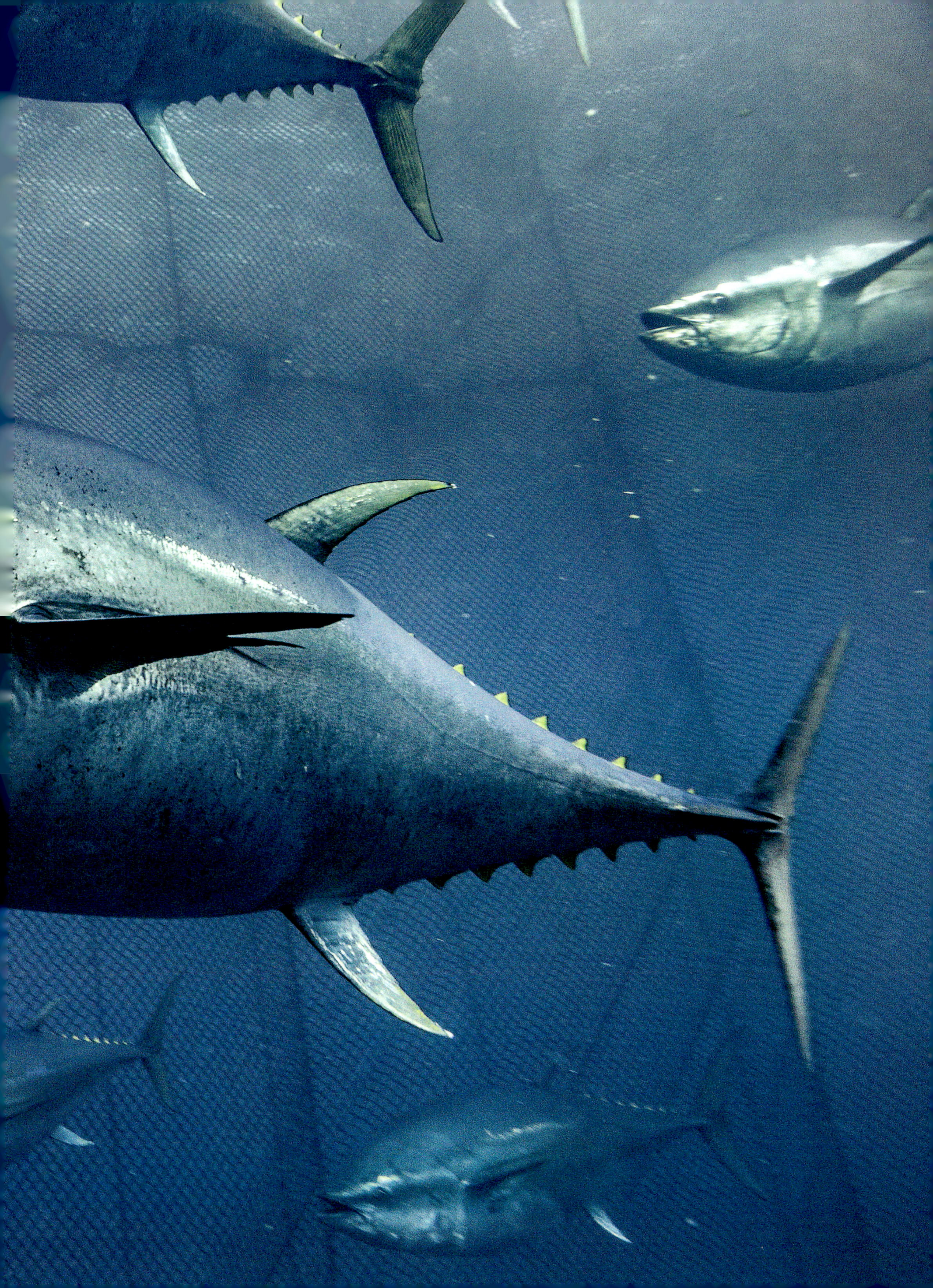

かつて遠洋に生息していた大型魚は、
捕食魚も含め、約90パーセントが姿を消した。

遠洋は地球最後の、そして最大の未開地だ。大陸を縁取る浅い大陸棚から水平線まで続く遠洋は、地球の表面の半分を覆い、平均4キロメートルの深さがある。また、そのほぼ全域が生物の生息地となっている——日光からエネルギーを得る表層の生態系から、暗い海底の火口付近にある豊かなホットスポットまで。ほんの半世紀前まで、このような深海の生態系は存在すら知られていなかった。今日でも、調査が行われている海は全体の5パーセント足らずである。

表層から話を始めよう。遠洋では、英語でブルーフィン・ツナと呼ばれるマグロが魚の王者だ。最高で50年も生き、体重はウマに匹敵する。泳ぐ速度もウマに似て速く、最高時速80キロメートルを出せる。ほとんどの魚とは異なり、マグロは温血動物であるため、冷水でも狩りができ、ほとんどの冷血動物には出せない爆発的なエネルギーを出すことができる。

マグロは群れで行動し、サバやニシン、カタクチイワシなどの魚群に近づいていく。マグロに襲われた魚群は動揺し、他の捕食者にも気づかれる。海鳥は海面に上がってきた魚をさらう。遠方にいるサメは魚油を察知し、マグロが残した餌を採りに来る。採餌能力が高く、海のほぼどこへでも移動できるにもかかわらず、ブルーフィン・ツナに属する3種のマグロ〔クロマグロ=本マグロ、タイセイヨウクロマグロ、ミナミマグロ〕はすべて窮地に追いつめられている。驚くことではないかもしれない。今や文字通りのミリオンダラー・フィッシュなのだから。

日本人は世界の遠洋で捕れるマグロの80パーセントを食している。ほとんどが寿司や刺身としてだ。世界中の漁獲量の多くが東京の魚河岸で売られ、夜明け前に行われる競りでは体長2メートル超のマグロ1匹に最高100万ドルの値がつく。ブルーフィン・ツナだけで、年間20億ドルを超える取引となる。

遠洋漁業による漁獲量は、全漁獲量の10パーセント程度にすぎないが、金額で見ると、マグロその他の高級魚の価値はこれをはるかに上回る。非常に高値で売れるため、人から狙われ、乱獲される。かつて遠洋に生息していた大型魚は、約90パーセントが姿を消した。マグロだけでなく、ビルフィッシュ〔カジキなど〕やサメといった大型捕食魚も含まれている。クロマグロは個体数の97パーセントが失われた。

深海サンゴの豊かさ

深海サンゴは生態系として広く知られていないため、ルイビル海山列、ハットン・バンク、フレミッシュ・キャップの保護に乗り出そうという人は少ない。だが、こうした海底に広がる生物学上の驚異の世界に、じつは冷水サンゴの生態系があり、重い鎖をつけた漁網で海底をさらうトロール漁船によって存続の危機にさらされている。これは生態系全体を破壊しかねない。

「ほとんどの深海はこのような漁法などから保護されていません。ですから、私たちはその価値の重みが十分にわからないまま、多くを失いかねません」と、WWFイギリス・欧州海洋政策グループ代表リンゼイ・ドッズは言う。WWFはスコットランドの西にあるロッコール・バンクとハットン・バンクを保護すべき水域に含めている〔バンクとは大陸棚にある台地状の隆起部〕。ロッコールの一部はEUの領海内にあり、水深800メートル超のトロール漁は禁止されている。だが、ハットン・バンクの外側は、「国際海洋探査委員会」がEUの漁業に関して科学的な助言を行っているにもかかわらず、保護されていない。

大西洋の反対側では、グランド・バンクスとその近くのフレミッシュ・キャップに生息するカイメンやサンゴの3分の1以上がトロール漁で失われる危険がある。両者ともカナダの領海外にある重要な漁場だが、この水域の漁業機構はいまだにトロール漁を禁止しておらず、生態系への脅威となっている。未来の漁業はこの生態系にかかっているのだが。

南大西洋でも状況は同じだ。アルゼンチン沖のパタゴニア大陸棚は、アザラシ、アシカ、ペンギンの漁場だが、ここで漁船団がトロール漁を行っている。また、南西太平洋では、ニュージーランドの漁師がルイビル海山列でヒウチダイのトロール漁を続けている。ここは海底山脈が4000メートルも連なり、発光するバンブー・コーラルなど珍しい種に富んでいる。

深海に生息する冷水サンゴは、熱帯のサンゴ礁と同じく危険にさらされているのだ。

上：深海・冷水サンゴ*Lophelia pertusa*のサンゴ礁に陣取った棘皮動物テヅルモヅル。メキシコ湾。

281頁
深海の巨大魚
夜の地中海。体長7メートルのリュウグウノツカイがプランクトンを食べに、深海から水面へと向かう。世界最長の魚で、17メートルに達する個体もいる。この魚も含め、深海生物はほぼすべて、行動生態や生息環境がほとんどわかっていない。

282–283頁
イルカ戦隊
ハシナガイルカの小群(小規模な社会集団)が集まり、何百頭もの群れとなって、コスタリカ沖の太平洋の餌場に向かっている。大海原の捕食者である彼らは、泳ぎと波乗りを交互に織り交ぜ、水の抵抗を減らしつつ、高速で海を進んでいく。長距離を泳ぎ、また深くまで潜り、超音波で深海のハダカイワシなど高エネルギー食を探す。太平洋のこの水域はハダカイワシが乱獲されていないため、非常に多くのハシナガイルカがやって来る。

海の表層に生息する魚が減るにつれ、漁船団は網をさらに深く設置するようになった。世界の漁場の40パーセント程度が、今や水深200メートルを超え、トロール漁は水深2000メートルの海底までさらっている。海洋生態系にとって深刻な脅威だ。トロール漁は深海生態系、とくに冷水サンゴ礁やカイメン群落を破壊しかねないうえに、深海の魚は乱獲にはるかに弱い。表層では敏捷さが生き延びる鍵となるため、ここに生息する種は概して代謝が速く、繁殖も速い。だが、深海の魚は成長が遅く、長生きするため、乱獲により個体数が一気に減少し、回復が非常に遅い可能性がある。

かつては、深海にはほぼ何もいないと考えられていた。沿岸生態系からの栄養物がなく、光もほとんど、またはまったく届かない。生きるための基本的要件が2つも欠けていれば、生物はいないと考えるのが当然と思われた。だが、そうではなかったのだ。深海でも生物は寒さ、暗さ、高い水圧に適応して栄えている。

海を潜るにつれ、光が薄れていく。一部の魚は自ら発光して餌をおびき寄せたり、捕食者を見つけたりする。さらに潜ると、目はほとんど機能を果たさない。この深さには、大きな口が特徴の魚もいる。餌の乏しさを補うため、出会ったものに手当たり次第食らいつく。極端な例はオニボウズギスだ。顎は外れ、胃は拡張するため、自分と同じ大きさの餌なら体重が10倍でも飲み込める。

まったく悪夢のような世界だ。ダイオウイカは触手が最高18メートルに達する。生息地で生きている姿が初めてフィルムに収められたのはつい最近、2012年のことだ。それから、リュウグウノツカイという魚もいる。ボートのオールに形が似ており、体長17メートルにもなる。ほとんど深海で過ごしているが、夜になると静かな水面めざして何百メートルも垂直に進み、プランクトンを食べ、夜明けが近づくと再び深みに戻っていく。その姿はめったに見られず、嵐の後に浜に打ち上げられることがあるくらいだ。巨大な海蛇という神話はこの魚から作られたのかもしれない。日本では、この魚が打ち上げられると津波の前兆と考えられ、「竜宮の使い」と呼ばれている。

さらに深く潜ると、もっと風変わりですばらしい生き物がいる。けっして水面に上がってこないため、神話になることもほとんどない。最も数の多いものですら、最近まではまったく知られていなかった。これらの生き物は、海の上方から海底へと降ってくるクジラその他の生物の糞や死骸など(マリンスノーと呼ばれる)を栄養分としている。

超深海帯は海の最も深い部分で、英語ではヘイダル・ゾーン、ギリシア神話の地下世界の神ハーデスにちなんだ名がつけられている。超深海帯にいる魚で現在知られているのは、小型で半透明なシンカイクサウオだ。水深8000メートルを超え、水圧が表層の800倍にもなる場所でも発見されている。シンカイクサウオが餌とするのは端脚類(甲殻類の仲間)で、端脚類はマリンスノーを餌としている。

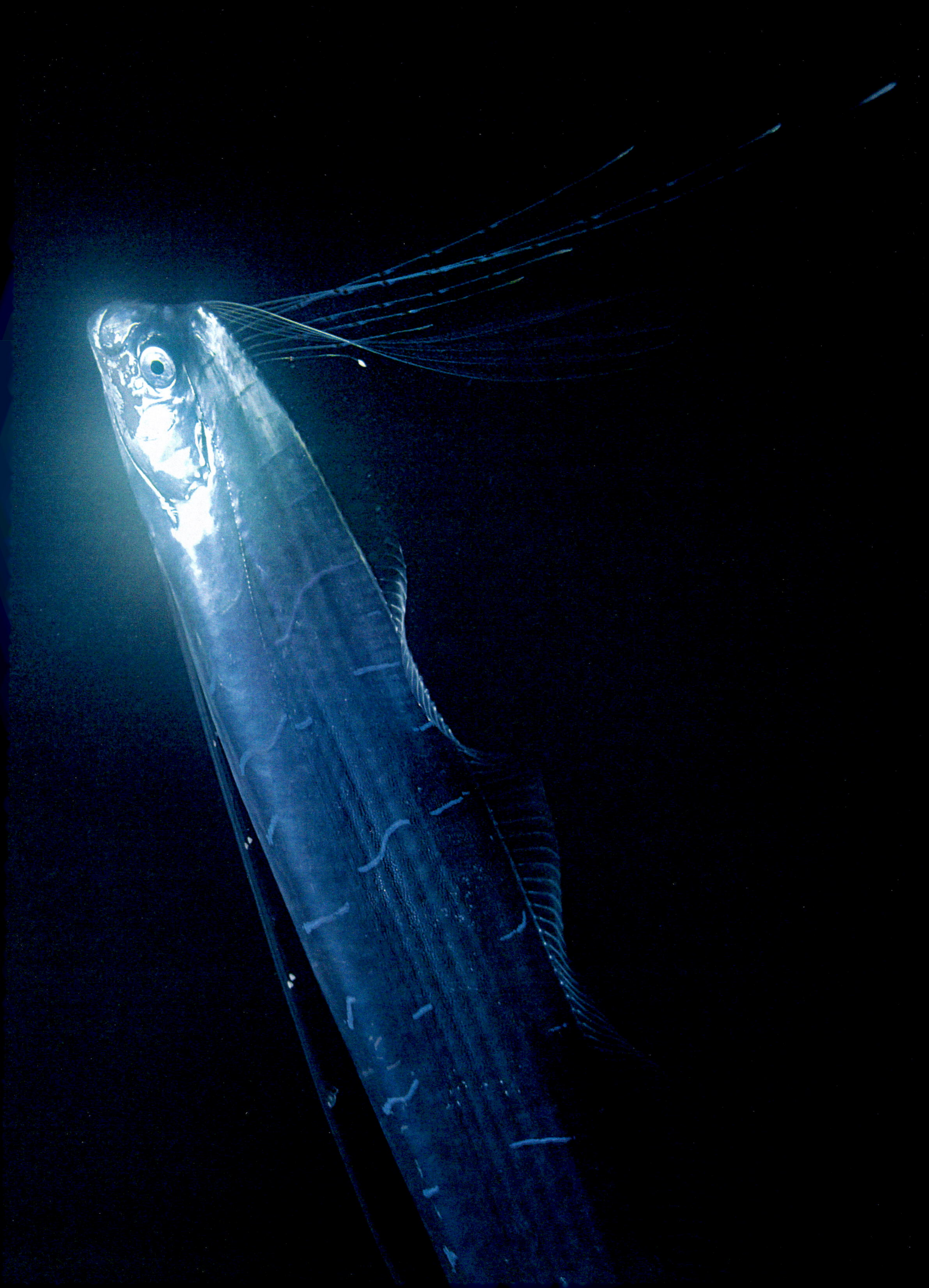

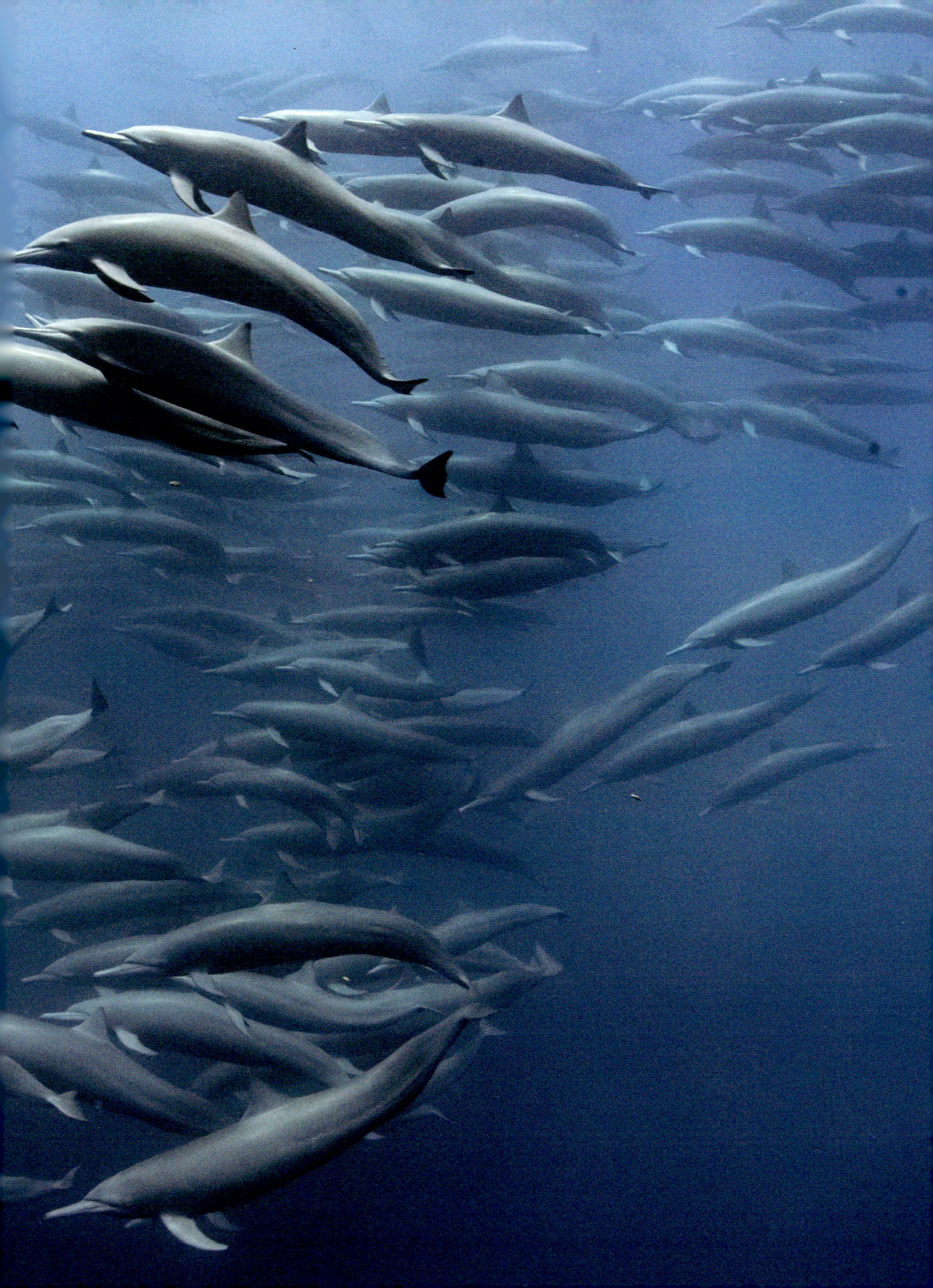

海は鉱物と魚の潜在的な巨大宝庫であるだけではない。気候や天候を左右する力も持っている。

ただ、深海の生物すべてが上から降ってくるマリンスノーに依存しているわけではない。深海底で最も豊かな生態系は、海底の大陸プレート端に生じる火口で、熱水噴出孔ともブラックスモーカーとも呼ばれる。海水はプレートの端に生じる亀裂から地球の熱い地殻に入り、急速に熱せられる。その際、周囲の岩に含まれる無機物や金属がしばしば水に溶け込む。金属には硫黄、金、銅も含まれている。冷たい海へとほとばしり出た熱水が急激に冷却されると、溶けていた無機物や金属は凝結し、金属硫化物となって煙突状に積み重なっていく。火口の周りにできるチムニー（煙突）は何十メートルにもなることがある。

チムニーはときどき壊れ、破片が海底に散らばる。そのがれきで生物による錬金術が行われるのだ。深海に住む特殊な細菌が破片に入り込み、硫化物を処理してエネルギーと有機物に変え、自分の糧とする。このプロセスを化学合成と言う――海の表層で行われる光合成の深海版だが、光は必要としない。

細菌はマットと呼ばれる分厚い群集をなす。これを餌とする端脚類など他の生物が集まり、さらに端脚類を餌とする生物も集まってくる。高さ2メートルにも達するチューブワームは、通常ブラックスモーカー生態系で最大の生物だ。また、毛むくじゃらな脚と爪のキワ・ヒルスタ（「イエティのカニ」）、深海版の巻き貝やフジツボ、白いウナギ、タコもよく見られる。

熱水噴出孔が初めて発見されたのは1977年、太平洋のガラパゴス諸島付近だった。現在では大西洋中央海嶺、太平洋周辺部、インド洋、そして南極まで、何十も知られている。地球上の生命は40億年以上前にこのような噴出孔で誕生したのかもしれない、と考える科学者は多い。最優先で保護すべき場所なのだが、問題がある。熱水噴出孔は現在、どの鉱脈よりも濃度の高い金属を放出しているのだ。水深何千メートルという深海での採掘は費用がかさみ、リスクも高いが、専門の採掘会社はすでに大きな利益を期待し、多額の投資を行う準備をしている。

海は鉱物と魚の巨大宝庫という可能性を秘めているだけではない。気候や天候を左右する力も有している。大気から得た熱を大量に貯え、その影響を安定化させる。気温が上昇し続けている今日では、海がその熱の多くを吸収し、気温を下げる働きをしている。また、私たちが放出している二酸化炭素のおよそ

3分の1も含め、汚染ガスをも吸収する。このようにして、海は気候変動の最悪のシナリオから現在私たちを守っている。さらに、ガスや熱を吸収するだけではなく、海は「吐き出し」てもいる。私たちが吸いこむ酸素の半分は、海の表層で育つ植物プランクトンが作っているのだ。

地球を人の住める状態に保つ能力として何よりも重要なのは、海洋コンベアベルトと呼ばれる深層循環だ。この循環は北極圏の表層から始まる。冷たい海水が深層へと沈み、およそ1000年をかけて地球の海底を巡り、メキシコ湾から大西洋を北上する表層の暖流〔メキシコ湾流〕となる。ヨーロッパ北西部に暖かさをもたらす海流だ。この循環は海水をかき混ぜ、同時に、大気中の二酸化炭素など有害物質も吸収する。最近の研究によると、海洋コンベアベルトは気候変動に弱い可能性があるそうだ。これは看過できない。コンベアベルトがなくなれば、熱や二酸化炭素を吸収する海の能力が低下し、気温上昇が加速しかねないからだ。

海はまた別の意味でも陸に暮らすものにとって重要だ。雲から陸地に降り注ぐ水分はほぼすべて、海面から蒸発したものだ。雨粒は核の周りに大気中の水蒸気が集まってできる。しばしばその核となるのが、海洋植物プランクトンが放出する硫化ジメチルという化学物質のごく小さな粒子である。植物プランクト

上
深海の宝
大西洋中央海嶺の火山に沿って見られる熱水噴出孔。黒煙を思わせる熱水を噴き出すチムニーや、積み上がった硫化物が見られる。この極限環境に生息する風変わりな深海生物の群落は、まだごく一部しか発見されていない。熱水に溶けている鉱物も共に噴出される。鉱物には金や銀も含まれるため、特殊な採掘会社が関心を寄せている。

286–287頁
インターフェース
太平洋の表層を泳ぐカタクチイワシ。太平洋は世界で最も深く、最も広い海だ。世界の気候を左右し、熱を移動させて海流や風のパターンを作り、巨大な嵐にエネルギーを与える。カタクチイワシの数の変動は、太平洋のサイクルと結びついている。

何らかの生態系保護がなされている公海は全体の1パーセント程度しかない。人間の影響が海洋の最も遠く、最も深い場所にまで及んでいる現在、これでは危険な状態と言わざるを得ない。

ンがいなければ硫化ジメチルも減り、降水も雲もおそらく減る。そのいっぽうで、海も陸地がなければ健康を維持できない。砂漠の砂塵は風に運ばれて海に落下する。砂塵に含まれるリン酸と鉄は海洋植物プランクトンの成長に欠かせない。遠洋では、海水に含まれるリン酸と鉄の量によって植物プランクトンの量が決まる海域が多く、これがオキアミからクジラまで、あらゆる海洋生物の餌の量を左右する。

私たちは人新世と呼ばれる地質時代に生きている。人間が地球を支配する新たな時代だ。地球は今や私たちのものとなった。21世紀を迎えた今、人間が地球の生命維持システムに非常に大きな影響を与えているのは明白である。私たちには、宇宙船地球号をきちんと舵取りする責任があるのだ。

私たちは国際条約によって、気候変動の原因となるガスを規制し、絶滅危惧種を保護するために安全な生息地を設けてきた。一部の有害汚染物質には歯止めをかけ、森林破壊を止める誓約も取りつけた。こうした進歩は、危機を乗り越えられるという希望を与えるもので、実際、地球の生態系の復元は始まっている。だが、海洋はどうだろう?　誰が責任を負っているのか?　責任者がほとんどいないという点こそ、早急に変える必要がある。

海の場合、国の主権的権利が及ぶのは海岸の基線から200海里(370キロメートル)まで、いわゆる排他的経済水域までであり、それを越えると公海となる。公海に適用されるのは「海洋法に関する国際連合条約(UNCLOS)」で、1994年に施行された。ほとんどの国が批准しているが、特筆すべき例外はアメリカだ。

UNCLOSは環境管理、経済商業活動など、原則として海洋空間のあらゆる側面を扱っている。これを支えるために国際海底機構が設立された。この機構の重要な役割として、深海採掘の規制や、海洋環境をいかなる悪影響からも守ることが挙げられる。だが、機構は今までに30社近くの採掘請負業者に探査許可を与えている。取り返しのつかない生物多様性の損失を招くと科学者が指摘する熱水噴出孔付近の探査も、数カ所含まれる。2018年を迎えた

酸性化する海

海の酸性化は、海水温上昇と悪の双璧をなすと言われている。二酸化炭素の大気中濃度が上昇すると、海水に溶ける二酸化炭素が増える。現在、私たちが排出しているものの3分の1ほどが海に溶けている。地球温暖化の抑制には役立つものの、二酸化炭素が海水に溶けると炭酸が生じ、これが海の化学的性質を変えるのだ。今の海水は200年前よりも平均26パーセント酸性化している。

酸性化が問題になるのは、多くの海洋動物は自分の殻や外骨格を作るために炭酸カルシウムが必要だからだ。酸性化した海では、海水中の炭酸カルシウムが減少するので、サンゴ、貝、ウニその他多くの生物種は、成長し繁栄するために十分な炭酸カルシウムを吸収するのに、より多くのエネルギーを使う羽目になる。これは、海水温の上昇など他の脅威よりも重大な問題である。

藻類や海草は二酸化炭素を使って成長するため、恩恵を受けるかもしれない。また、ほとんどの海洋生物は、酸性度の多少の変動には適応できる。ただし、変動の大きさにも、耐えられる期間にも限度がある。多くの生物が瞬く間に窮地に立たされかねない。南極周辺水域の調査によると、海洋生物種の約半数――タイセイヨウダラ、ムラサキイガイ〔ムール貝〕、ヒトデ、ウニ、翼足類を含む――にすでに影響が出ているという。

とくに危険にさらされているのは貝殻だ。カキの幼生は、他の貝類の幼生と同じように、酸にとても弱い。アメリカのカキ養殖床では、海水の酸性化により、カキの幼生が大切な殻の形成にエネルギーを注げず、大量死が発生している。

他にも、あまり目立たない影響があるかもしれない。イガイが岩に固定する際に使う足糸は、酸性化した海水ではうまく働かない。魚類は血液が酸性化すると、酸の排出に多くのエネルギーを使うため、摂食や繁殖、捕食者から逃げるためのエネルギーが減ることになる。海の生態系はどの程度まで酸性化に対処できるのだろう？　答えは出ていない。

上：泳ぐ翼足類（外洋性の軟体動物）。殻の形成は海水の酸性化の影響を受ける。

時点で、環境委員会をいまだに設けておらず、いかなる判断で許可が与えられたのか、熱水噴出孔とその周辺の生物群集をどのように保護するかについては、ほとんど公表していない。

海洋における他の多くの活動は、ごみの投棄や漁業管理も含め、いまだにばらばらな国際協定を通じて管理が行われている。公海は環境面では無法状態が続いているが、例外は海洋保護区(MPA)で、たとえば北東大西洋には6カ所が指定されている。そのひとつ、チャーリー・ギブス保護区は面積がイングランドほどある。冷たい北の海水と暖かい南の海水が出会う場所で、どちらの海洋生物も豊かだ。

南極のロス海保護区は2016年、南氷洋での活動を規制する南極条約の一環として、南極の海洋生物資源の保存に関する委員会(CCAMLR)により指定された。ロス海は地球最南端の海で、海本来の姿がとくに残っており、シャチやミンククジラは数多く、ウェッデルアザラシは数十万頭、アデリーペンギンとコウテイペンギンは全生息数の4分の1を越える。

何らかの生態系保護がなされている公海は全体の1パーセント程度しかない。海には魚が無尽蔵にいて、広い海が汚染されることなどないと信じられていた時代には、これでも十分だったかもしれない。だが、人間の影響が海洋の最も遠く、最も深い場所にまで及んでいる今日、これでは危険な状態と言わざるを得ない。

海洋保護区のネットワークを早急に作る必要がある。科学者も、環境保護活動家も、公海の30パーセントを漁業や採掘から守るべきだと主張している。そして保護区を設定する他に、公海は誰のものでもないという私たちの考えを改める必要もある――公海は皆のものなのだ。いずれ私たちの考え方に変化が訪れるかもしれない。

2015年に国連が採択した持続可能な開発目標のひとつは、「海洋および海洋資源の保全および持続的利用」である。現在、国連総会は国の管轄外の海洋生物を保護するために、新たな公海条約の締結を交渉中だ。海運、漁業、採掘、石油や天然ガスの開発など、さまざまな海洋利用の管理について、個別にではなく総合的に取り組む必要がある。議論の核心は、海洋生物の保護は正当な海洋活用法であり、価値あるものだという点になるだろう。

保護区の指定も議題となるだろう。候補のひとつは、熱帯北大西洋の有名なサルガッソ海となるかもしれない。この広大な無風の海には、唯一の浮遊性海草であるサルガッスム〔ホンダワラの仲間〕が豊富にある。ヨーロッパウナギとアメリカウナギの産卵場であり、アカウミガメはここで捕食者から身を守りつつ成長する。

環境保護活動家たちは、南極大陸の大西洋側のウェッデル海も保護するよう働きかけている。太平洋側のロス海保護区と合わせ、保護を強化したい考えだ。両者を合わせた面積はドイツの5倍ほど、シロナガスクジラ、ヒョウアザラシ、シャチその他多くの海洋生物にとって安全な水域となるだろう。

290頁
サメのホットスポット
世界最大の魚、ジンベエザメが太平洋の海山沖で深く潜っていく。海山(水面下にある山)は、多くのサメにとって位置を示すものであり、おそらくは交尾と関連する社交の場でもある。海流は海山を通る際に上昇し、海底の栄養物も上に運ばれる。これは植物プランクトンが生きるのに欠かせない。海山周辺の豊かな群落を養っているのは植物プランクトンなのだ。深い海域に進出する漁船が増えているため、海山の保護を求める声が高まりつつある。

292–293頁
乱獲される海のハンター
メキシコのユカタン半島沖でイワシの群れをほぼ食べ尽くしたバショウカジキの集団。魚はたえず移動しているため、個体数の推定はむずかしいが、バショウカジキは成熟前に捕獲されており、現在も乱獲の状態にあると考えられている。相当数が延縄(はえなわ)にもかかっている。

だが、海洋は誰が責任を負っているのか? 責任者がほとんどいないという点こそ、早急に変える必要がある。

保護区を設けるだけでは足りない。公海における魚類の保護のため、大規模な戦略も必要だ。漁業管理に力を入れても、世界規模で違法・無報告・無規制漁業が横行し、今や総漁獲量の12〜28パーセントを占めている。つまり、食卓に上る魚の4匹に1匹は違法に捕らえられたものということだ。

違法漁業や乱獲の多くは、政府の監視が行き届かないために起きている。漁船団に補助金が出ている場合、状況はさらに悪化する可能性がある。短期的な雇用支援は、結局は漁業そのものを潰しかねない。

2017年、世界の主な水産会社9社で構成されるグループが、違法漁業を取り締まると誓った。彼らにはそれだけの力がある。マグロ、スケトウダラ、アンチョベータ〔ペルーカタクチイワシ〕、マジェランアイナメなど最も貴重な魚種を含め、漁獲量の40パーセントをわずか13社が得ているのだ。そのうち4社はノルウェー、3社は日本である。ただ、合法的な操業による乱獲については、この誓約は言及していない。

国連食糧農業機関(FAO)のデータによると、世界の漁業の90パーセントは乱獲または維持可能な漁獲枠上限となっている。また、衛星画像データを見ると、世界の海洋の半分以上で商用漁船が操業しており、その面積は世界中の農地よりも広いことがわかる。

保護区を設け、漁業や採掘の管理を強化するのは良いことだが、それだけでは海洋生物を汚染から守れない。海洋汚染の80パーセントは陸地から流入し、海流に乗って海全体に広がっている。たとえば、プラスチック廃棄物。実質上永遠に消えないこのごみは、毎年およそ800万トンが海に流出し、海中のごみの量は増えていく一方だ。ほとんどは海にずっと残り、徐々に砕け、より小さな破片となっていく。海流の関係で、こうしたプラスチック粒子がたまる場所がいくつかある。最も有名なのは太平洋ゴミベルトで、北太平洋旋廻〔海流の周回〕の中心部、ミッドウェー環礁周辺の無風水域にある。

294頁

放浪者のヨシキリザメ

ヨシキリザメは大洋に生息し、最も数が多く、最も広範囲で見られるサメだが、最も多く水揚げされているサメでもある。毎年約2000万匹が流し網や、メカジキやマグロ用の延縄にかかっている。また、記録されない水揚げも3分の1以上あると考えられている。ヨシキリザメの肉はほぼ使い物にならず、海に捨てられているが、ひれだけはもうかる市場が存在する。このサメも含め、大洋に生息する魚種の多くは個体数の推測がしづらく、生態もあまりわかっていないが、調べられる範囲内では、ヨシキリザメの個体数減少がどこでも確認されている。

296−297頁

アホウドリの舞う海

フォークランド諸島沖、マユグロアホウドリが波の上を低く飛び、オキアミや魚をついばんでいる。フォークランド諸島ではアホウドリを保護しており、全世界のアホウドリの繁殖個体群の70パーセント以上がここに生息している。だが、アホウドリの行動範囲は広く、延縄やトロール漁業で命を落とすこともある。それでも、重りをつけた釣り糸や、鳥よけのついた釣り糸の使用が広まりつつあり、不要な死は減り始めている。

私たちが早く行動を起こせば、
それだけ海の生態系が回復する力も大きく、
かつての繁栄がよみがえる可能性も増す。
そうなれば海洋経済も発展が望める。

海の中に安全な場所はどこにもない。最も深い海溝も、極域も例外ではない。深海魚の70パーセントはプラスチックを摂取している可能性がある。そうした魚を食べることで、私たち自身もプラスチックを摂取する。その長期的影響はまだ判明していない。北極圏を調査している科学者は、海に浮かぶプラスチックが氷に大量に含まれていることを発見した。海水1リットルに200片以上ものプラスチックが入っている。しかも、プラスチックが命取りとならない海洋生物はごくわずかだ。絡まったり、窒息したりする。北海の浜辺に打ち上げられたクジラの胃はプラスチック製品で一杯だった。おそらくイカと間違えて呑み込んだのだろう。あるクジラの胃からは13メートルの漁網と、車体の一部である1メートルのプラスチック製部品が出てきた。

害はここまで明らかになっていないものの、海洋生物にとって致命的と言えそうなのが騒音だ。石油やガスの掘削、沖の風力タービン、そしてとくに問題視されているのが何千隻もの船のプロペラである。水は音を伝えやすいため、プロペラ音は100キロメートル先にまで届く。クジラは音で仲間とコミュニケーションを取りながら、泳ぐ進路を決めたり、餌を探したりする。だが、騒音のため方向感覚を失ったりストレスを受けたりして、その結果餓死したという報告が増えている。おそらく多くの魚類でも、聴覚を失う、繁殖できないといった影響が出ていると思われる。

海洋保護としてやるべきことはたくさんある。私たちの食料としての海洋資源、冷水サンゴ、熱水噴出孔、クジラの大群、そして謎に包まれた深海魚も含め、海洋生態系は傷ついている。私たちが早く行動を起こせば、それだけ海の生態系が回復する力も大きく、かつての繁栄がよみがえる可能性も増す。そうなれば海洋経済も発展が望め、食料供給も雇用機会も将来につながるものとなる。良い知らせをお伝えしたい。管理が行き届いていない海洋で何が起きているのか、世界は気づき始めている。プラスチック廃棄物の問題は、世界的な関心事となった——野生動物の被害がはっきり目に見えるせいもあるだろう。もっとも、海の中では、目につかなければ問題なしとはならないのだが。過去数十年間に捕鯨の悲惨さは人々の心を捕らえた。今日では海のプラスチック問題が注目され、なんとかしようという強い気持ちが人々に芽生えている。しかも、海の自然がすばらしい回復力を失っていないことは、とくにザトウクジラの生息数増加に示されている。保護が必要なのはザトウクジラだけではなく、海洋だけでもない。今こそ地球のために行動を起こすときだ。

298頁
ゴーストネットに捕らわれる
廃棄された漁網に絡まった絶滅危惧種のハワイモンクアザラシ。無責任に捨てられた漁具はゴースト漁具と呼ばれ、海洋の主なごみのひとつで、プラスチック廃棄物の少なくとも10パーセントを占めている。「グローバル・ゴースト・ギア・イニシアチブ」は、漁網の投棄、紛失、遺棄への対策を謳っている。漁港にリサイクル用回収容器を設ける、プラスチックの工業的再利用を促進する、などの策も含まれる。

300−301頁
巨獣の海
インド洋に多数集まったマッコウクジラ。集会は社交的なものだが、多くのクジラが集まると大量の皮膚の破片や糞尿が落とされ、これが海の肥料となる。深海で餌を獲るため、海底の栄養物が表層に運ばれる。またクジラの死骸はさらに多くの栄養物を海底に送る。大洋に生息する大型魚、とくにサメは、やはり同様の栄養サイクルという役割を果たし、有機物を海全体に運んでいる。食物連鎖の頂点に立つこうした大型動物の多くが減ると、海洋システム全体の機能が危うくなる証拠が次々に上がっている。

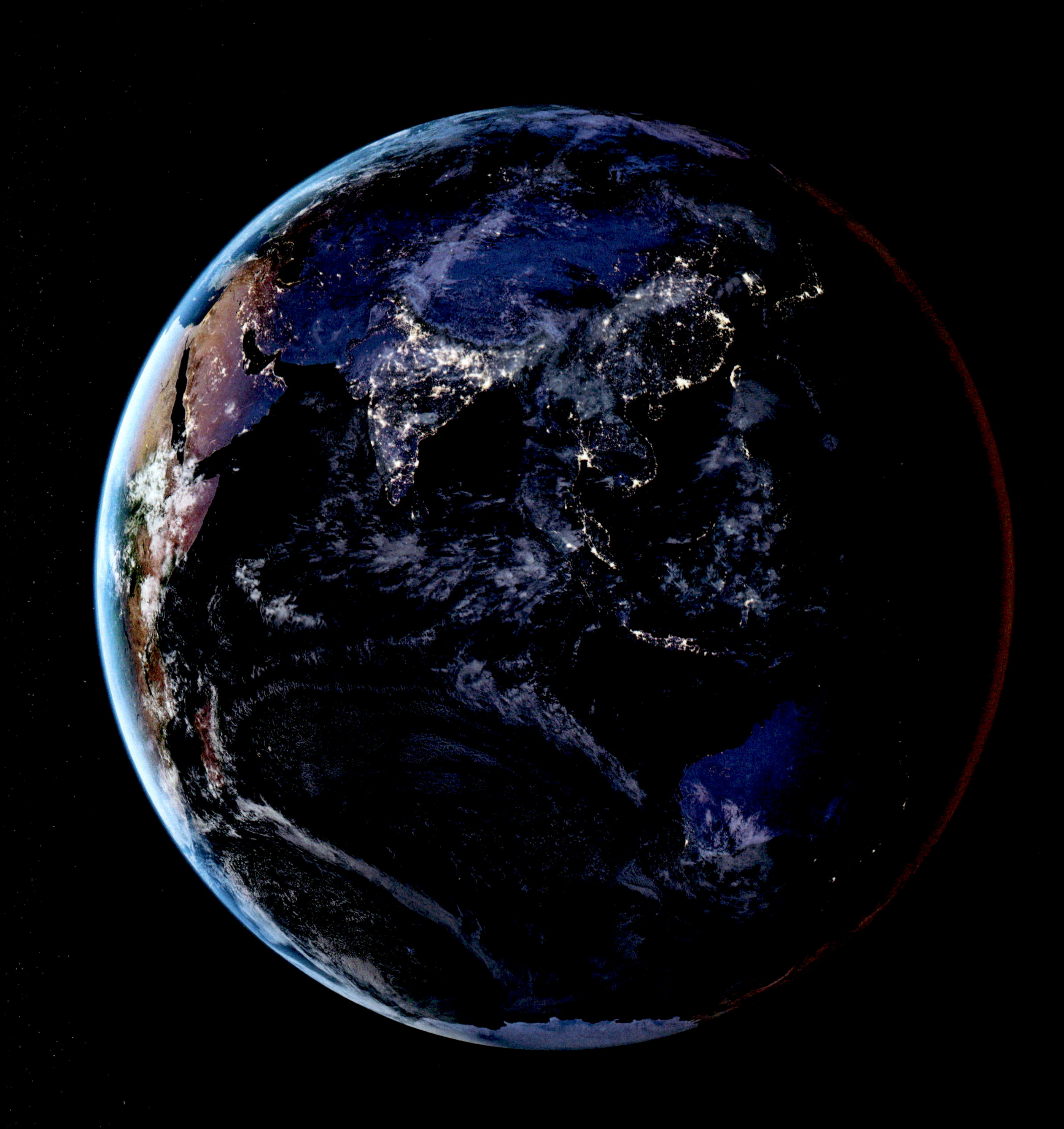

OUR PLANET OUR FUTURE
私たちの地球 私たちの未来

自然は追いつめられている。飛行機の窓から下界を眺めてみると、世界のどこを飛んでいても、雲が出ていなければ、たいていどこでも人の痕跡が見える。下界を支配しているのはホモ・サピエンスだ。氷に覆われていない地表のうち、人の家屋や土地利用の証が見えない土地は、全体の4分の1にも満たない。地球は新たな地質年代——人が地球の命運をにぎる人新世を迎えている。良かれ悪しかれ、地球は今や私たちのものなのだ。

課題は、良い人新世を作ることだ。災害の多発する恐ろしいディストピアの時代ではなく、私たち人間が地球を管理し、自然の良き世話人となるべく挑戦するという、喜びに満ちた人新世をめざしたい。そのためには、もう一度自然を愛することを学び、地球の生命維持システムを支える自然界を尊敬しつつ、地球上に生きる100億人前後の人々が健康に生きられる実際的な方法を探していくことだ。つまり、人間が地球に与える影響を減らし、気温の上昇を1.5℃以内に抑えるために、私たちひとりひとりが自分の行動を変え、消費するものを変えること、そして何よりも、21世紀のうちに自然の壮大な復元を成し遂げることだ。

21世紀を迎えた今、私たちは科学者の言う
プラネタリー・バウンダリー〔地球の限界〕にさしかかっている。
自然からこれ以上奪ったら得にならず、
報いを受けることになる限界のことだ。

305頁
熱帯雨林の子
ベリーを食べるボルネオオランウータンの母子。インドネシア領ボルネオ島中央カリマンタンの保護区にて。オランウータンは食べながら、森のさまざまな木々の種子をあちこちに落としていく。この類人猿と木々は共進化したため、両者の未来も密接に結びついている。森林の消失が止まらず、ボルネオオランウータンは今や絶滅寸前である。森がアブラヤシの大農園に変えられているのが主な原因だが、人間に殺されることもあり、生息数は1999年以降、10万頭以上も減っている。オランウータンの未来は、アブラヤシの大農園と製紙工場の拡大阻止、長期的には保護の行き届いた広大な森林の確保、そして山火事や病気の発生など壊滅的な事態を乗り越えられるほどの生息数の維持にかかっている。

自然の敵とならず、再び自然の一部となる。これ以上に重要な課題はない。実現は可能だ。本書では、胸の痛む環境衰退の実態をいくつも紹介してきたが、自然が回復に向かっている数々の兆しも、希望を持てる理由も語られている。そして、私たちが空間さえ与えれば、自然は再生していくことも。

壮大な復元は、今まだ残っている自然を守るという、従来の保護を進める場合もあるだろう。森林をチェーンソーから、草原を鍬や都市化の波から、川を汚染から、沿岸生態系を破壊から守り、地球上あらゆる場所を気候変動から守る。また、私たちが台無しにした土地の再自然化という場合もあるだろう。自然に再生のための空間を与え、野生生物が再びコロニーを作り、進化していけるようにする。そのためには柵の除去、ダムの取り壊し、道路の閉鎖、炭鉱の放棄、広大な立入禁止海域の設置などが求められよう。

ただ、人間は自然と切り離せないし、そうするべきではない。したがって、壮大な復元とは、地球規模のガーデニングのようになることもあるだろう。人が居住している地域を農園ではなく庭園のように扱えば、私たちにも自然にも価値ある景観を作り出せる。都市には木立や公園を配置し、農業生態学的な農業を営み、生態系や野生生物を破壊するのではなく、利用しつつはぐくんでいく。

この課題は私たち全員で取り組む必要がある。科学者や技術者は、私たちに必要なものをよりクリーンに、効率よく、控えめに提供する方法の開発を優先する。政府には、自然の保護や復元をめざす者には報酬を与え、自然を乱用する者は罰するよう働きかける。そして何よりも、私たち自身が心を入れ替え、地球の資源を欲に任せて消費しないよう努め、自然との関係を変えていくことだ。

20世紀は自然にとって災難の世紀だった。人口は4倍となり、田舎が主な居住場所だった人類は、主に都市で生息する種へと変貌した。自然界とのつながりをいくつも絶ち、自然破壊に拍車をかけた。21世紀を迎えた今、私たちは科学者の言うプラネタリー・バウンダリー〔地球の限界〕にさしかかっている——地球をこれ以上汚し、地球からこれ以上略奪したら明らかに危険となる限界、自然からこれ以上奪ったら私たちにも地球にも得にならず、報いを受けることになる限界のことだ。私たちは自分の基本的な生命維持システムを傷つけている。化石燃料を燃やせば気候が変わり、沿岸都市は水浸しになる。畑に化学肥料を使い過ぎると、収穫高はほとんど変わらないのに、川や海の魚が死んでし

上
花咲くジャングル
熱帯雨林の林冠。パナマのソベラニア国立公園。数多くの植物種が生育し、さまざまな動物群集を支えていることがわかる。高温多湿の気候が1年中続くため、どの時期にも開花し、実を結んでいる木々が必ずある。つまり、食料源が常にあるということだ。

まう。ある地域にダムを建設して水を利用すると、下流地域に住む大勢の人々は水道水にも事欠く。木材を得るために森林を伐採すると、何百キロメートルも離れた場所が干ばつに襲われる。土壌を耕すと砂漠ができる。狩猟や漁獲は種の絶滅をもたらし、生態系全体が危うくなる。手遅れにならないうちに引き返し、自然の壮大な復元に着手しよう。時間の猶予はあまりないが、それでも手を打つ時間はある。やるべきこともわかっている。

技術的な課題もある。石炭や石油など、温暖化を危険なレベルまで引き上げる燃料を使ったエネルギーへの依存を絶つ。技術の進歩のおかげで今や代替燃料が手に入り、その利用が進んでいる。今日、太陽光発電や風力発電など再生可能なエネルギーには、化石燃料の2倍の投資が行われている。ほんの数年前までは、このような変化が訪れるとは想像もつかなかっただろう。石炭の使用はピークを過ぎ、減少し始めている。二酸化炭素排出もピークを迎えつつあるのかもしれない。しかも、エネルギー効率が上昇しているため、エネルギー需要もピークに達するかもしれない。すでにヨーロッパでは、エネルギー使用が10年前より10パーセント減少している。次のブームは電気自動車だ。もしかしたら、その次は電気飛行機となるかもしれない。地球を汚すエネルギーや輸送インフラをすべて替えるには何十年もかかるだろうが、地球温暖化に歯止めをかけるためには、二酸化炭素の排出量が吸収量と相殺されるカーボンニュートラルな世界経済が必要であり、それを作り上げる方法は判明している。失敗したで

これはあくまでも憶測に過ぎないのだが、
私たちは消費のしかたも食事の内容も含めて生き方を変え、
自然や自然のプロセスを保護し、
復元できるかもしれない。
結局のところ、人は自然に依存して生きているのだ。

はすまされない。

テクノロジーの成果として、地球の資源をはるかに効率よく使えるようになったことも挙げられる。地中から採掘する金属も、森林から得る木材も、河川から得る水もだ。再生利用が増え、無駄にするものが減っている。農家は情報技術を利用し、従来よりもはるかに少ない水と化学肥料で作物を育てるようになった――おかげで河川は水量が増え、汚染の度合いも低くなっている。私たちは、より少ない資源でより多くを生み出しているのだ。

だが、テクノロジーだけでは地球を救えない。豊かな世界が大量消費に走ったため、人口増加は自然の最大の脅威と化した。私たちひとりひとりが、自分の欲求や欲望の手綱を自分で握らないことには始まらない。本当に求めているのは物質的なものか、それとも精神的な幸せか。量か、質か。たらふく食べることか、健康か。今が良ければそれでいいのか、それとも子孫の代まで見据えた安心か。価値観の見直しが求められる。いわば、文化を変えるということだ。

驚かれるかもしれないが、私たちはもう変わり始めている。豊かな国々では、モノを求めてやまない傾向が徐々に薄れつつある。今日では、裕福になった人々はモノをさらに所有するよりも、人手やスキルが求められる芸術や活動、または外食にお金を使うことが多い。自然が今までほど打撃を受けなくなる可能性があるのだ。デジタル技術の進歩により、今まで私たちの生活に溢れていたガジェットが一掃された――携帯電話があれば、すべて事足りる。また、豊かな国々では、作りが丁寧で長持ちする製品が高く評価され始めている。肉食を減らして自転車を使う方が環境にも優しく、健康のためにも良いという考えも、そして緑の空間に恵まれ、自然と接することで満ち足りた気持ちになれることも、広まりつつある。これはあくまでも憶測に過ぎないのだが、私たちは手遅れにならないうちに、消費のしかたも食事の内容も含めて生き方を変え、自然や自然のプロセスを保護し、復元できるかもしれない。結局のところ、人は自然に依存して生きているのだ。自然を取り戻すことが褒美となる。

だが、政府が動かなければ実現は無理だろう。地球規模で変化をもたらすためには、政府が責任を持つ必要がある。国内、国外いずれの場合も指導者として責任を負える政治家を選ぶことだ。

国際社会では、貿易や金融、人権や財産法など、多くの協定が結ばれてい

今度は、私たち全員の未来の幸せを実現するために最も基本的なこと——自然の保護に対しても、同様のアプローチをする番だ。

る。どの協定も、70億を超える人々を擁するグローバルな文明が機能するのに欠かせないものとみなされている。今度は、私たち全員の未来の幸せを実現するために最も基本的なこと——自然の保護に対しても、同様のアプローチをする番だ。

前例はすでにある。オゾン層保護や捕鯨禁止に関する取り決めは、20世紀末に私たちが成し遂げた誇らしい成果に数えられる。だが、生物種とその生息地、地球のすばらしい生態系とその効用を含めた自然全体としては、いまだに救い主が現れていない。この嘆かわしい過失に終止符を打つのは今だとわれわれは信じている。

20世紀末の1992年、地球サミットは気候変動と生物多様性に関して2つの国際条約を採択し、その意気込みを高らかに宣言した。だが、いずれの条約も実効性に欠けていた。気候変動の方は、2015年のパリ協定でようやく法的拘束力を持つに至った。確実に実行するためには、これでもまだ足りないが、今は自然の問題についても気候変動と同レベルにすることが先決だ。

1992年の「生物の多様性に関する条約」を、願望からより積極的な行動へと発展させる必要がある。あらゆる形態の自然を守るためには、強制力のある世界目標や法律が欠かせない。また、森林、湿地や河川、草原や海洋、そして生物の多様性そのものを復元するために、適切に資金提供される国際的な計画も必要だ。本書で示したように、壮大な復元の実現に求められる要素はすでに揃っている。何をすべきなのか、本質的なところはわかっている。だが、じきに手遅れとなりかねない。生物の多様性は日に日に失われ、生態系はむしばまれている。この条約の長期計画は2020年末に北京で書き換えられる。行動を起こすのはこの時しかない。政策決定者にとって——そして私たちにとって、地球を救い自然を復元するチャンスはおそらくこれが最後だろう。この機を逃してはならない。

人が自然と共に生きるという理想的な人新世は、容易に実現できるものではない。WWFインターナショナル事務局長マルコ・ランベルティーニが言うように、「人類と経済開発を環境劣化から切り離すという作業は、おそらく今までどんな文明も経験したことのない、文化も行動も根底からくつがえすような変化をもたらす」だろう。私たちにできるだろうか？　できると信じるしかない。私たちの地球のために、そして人類の未来のために、そうするよりほかにないのだ。

309頁

巨大な亀裂

2016年、南極半島のラーセン棚氷の一部に生じていた亀裂が拡大し、2017年、ルクセンブルクに匹敵する大きさの氷がついに棚氷から分離した。棚氷とは、陸氷が海に張り出して浮かんでいるものを言う。すでに海に浮かんでいるため、分離しても海面上昇はほとんど生じないが、棚氷が最終的に失われると、陸上に残っている氷はもはやその場にとどまっていない。陸氷が海に滑り落ちた場合、海面上昇がもたらされる。現在、海面は3年間に1センチのペースで上昇している。陸氷の融解と、水温の上昇による海水の膨張が原因だ。

310–311頁

北極の象徴

カナダ高緯度北極圏のランカスター海峡の夏。ホッキョクグマの母子が叢氷の残りの上で休んでいる。氷が再び凍結し、足場を得られるまで、母親は効率よくアザラシを狩れないだろう。ホッキョクグマにとって、海氷不足が問題なのだ。海氷は年々後退している。今後さらに少なくなるだろう。だが、気候温暖化を食い止める時間はまだある。

索引

ア行

カ行

サ行

タ行

炭酸カルシウム　246, 289

ナ行

謝辞

『Our Planet』はNetflix、世界自然保護基金(WWF)、Silverback Films三者の提携から始まった。目的は、いまだに残っている自然のすばらしさを、そして自然がかけがえのないものである理由や、自然を守りぬく方法を世界に伝えるためにドキュメンタリー・シリーズを制作し、ありとあらゆるメディアと組み合わせることだった。このパートナーシップがなければ、われわれは目的を果たせなかっただろう。

まず、説得力のあるシリーズを世界の多くの人々に届けられるようにする必要があった。最初に企画を持ち込んだときから、Netflixはわれわれの目的に賛同し、実現まで根気強く支援し続けてくれた。Netflixチームには多大な貢献をしてくれたすばらしい方々が大勢いるが、当初からわれわれの側に立ってくれた2名のお名前をここに記す。オリジナル・ドキュメンタリー・アンド・コメディー部長リサ・ニシムラ氏、そしてオリジナル・ドキュメンタリー・プログラミング責任者アダム・デル・デオ氏だ。本プロジェクトの推進は複雑さを極めたが、彼らは必ず実現させ、編集上の貴重な助言も多々授けてくださった。

次に、紹介するにふさわしい場所や問題を選ぶ必要があった。この点で、WWFとのパートナーシップは欠かせなかった。WWFが所蔵する自然界や自然保護に関する膨大な知識ベースはみごととしか言いようがなく、おかげで本プロジェクトは充実したものとなった。WWFでもお世話になった方々は大勢いるが、われわれの目的を達成するために決定的な役割を果たしてくれた2名のお名前をここに記したい。WWF Our Planet事務局長コリン・バットフィールド氏は、われわれと共に最初の構想を練り、その後は精力的にアイデアを出しては実現させてくださった。そしてWWFの主席科学顧問マーク・ライト氏は、本プロジェクトに必要な科学的根拠を与えてくださった。本書でも、シリーズでも、そして他のメディアでも、『Our Planet』には正確さが求められる。それを可能にしたのがマークだ。

さらに、われわれにはSilverbackのプロダクション・チームの協力が必要だった。お世話になった方々を以下に記す。彼らはまさに仕事人の鑑と言うべき人々だ。精力的に、大きな困難にもめげずに働く。彼らが本プロジェクトにもたらした創造性は、キャリアの長いわれわれが今までに経験したことのないものであり、共に働くのが楽しかった。

本書は『Our Planet』プロジェクトのあらゆる面をひとつにまとめたものだ。ただ写真を眺めるだけではなく、読むべき内容のある重要な本にしたいというのが、われわれの切なる願いだった。きわめて重大な問題を選択するのはじつに大変な作業であり、読ませる文章に仕上げるにはスキルやスタイルが求められることもわかっていた。それができる一流の環境ジャーナリストが必要だった。フレッド・ピアスに依頼して大正解だったと思う。

世界有数の環境・科学ジャーナリストとして30年間活躍しているフレッドは、今まで蓄積してきた自然界に関する知識を駆使し、私たちの地球について皆が知っておく必要のあること、とくに、自然界が将来も栄え続けるために為すべきことを煮詰めた。自然界とその保護の問題は果てしなく複雑である。きわめて深刻な問題とその解決策が注目されることはめったにないため、自然保護についてあまり知られてこなかった部分もあるかもしれない。それをフレッドは本書でみごとにまとめてくれた。彼のおかげですばらしい本に仕上がったとわれわれは信じている。

プロダクション・チーム
Adam Chapman
Dan Clamp
Jon Clay
Darren Clementson
Lisa Connaire
Rebecca Coombs
Huw Cordey
Marcus Coyle
Tash Dummelow
Charles Dyer
Amy Ferrier
Alastair Fothergill
Rebecca Hart
Jane Hamlin
Hal Hampson
Jo Harvey
Dan Huertas
Jonnie Hughes
Tara Knowles
Nancy Lane
Sophie Lanfear
Ben Macdonald
Ilaira Mallalieu
Fiona Marsh
Laura Meacham
Susie Millns
Simon Nash
Elisabeth Oakham
Kieran O'Donovan
Sean Pearce
Hugh Pearson
Keith Scholey
Oliver Scholey
Niraj Sharda
Vicky Singer
Mandi Stark
Gisle Sverdrup
Sarah Wade
Hugh Wilson
Jeff Wilson

撮影
Matt Aeberhard
John Aitchison
James Aldred
Guy Alexander
Doug Anderson
Tom Beldam
Levon Biss
Dane Bjermo
Howard Bourne
Ralph Bower
Barrie Britton
Keith Brust
Darren Clementson
Tom Crowley
Sophie Darlington
Tom Fitz
Flying Camera Company
Ted Giffords
Roger Horrocks
Sandesh Kadur
Richard Kirby
Paul Klaver
Denis Lagrange
Tim Laman
Ian Llewellyn
Alastair MacEwen
David McKay
Jamie McPherson
Justin Maguire
Hugh Miller
Blair Monk
Simon Niblett
Nathan Pilcher
Owen Prümm
David Reichert
Tim Sheppherd
John Shier
Andy Shillabeer
Hector Skevington-Postles
Warwick Sloss
Alastair Smith
Mark Smith
Robin Smith
Rolf Steinmann
Paul Stewart
Gavin Thurston
Alexander Vail
Alex Voyer
Ignacio Walker
Tom Walker
Mateo Willis
Miguel Willis

追加撮影
Ryan Atkinson
Steve Axford
Chris Bryan
Jim Campbell-Spickler
Gene Cornelius
Gemilang Dini Ar-Rasyid
Murray Fredericks
Will Goldenberg
Markus Kreuz
Katie Mayhew
Matthew Polvorosa Kline
Edwin Scholes
Sam Stewart
Alex Tivenan
Darren Williams

撮影助手
Santiago Cabral
Ferando Delahaye
Trent Ellis
Neil Fairlie
Joe Fereday
Jeff Hester
Tyler Johnson
Casey Kanode
Jean-Paul Magnan
Felipe Pinzon
Sam Quick
Mark Sharman

現場助手
Sergey Abarok
Hadi Al Hikami
Khalid Al Hikami
Peter Amarualik
Evgeny Basov
Duncan Brake
Timothy Bürgler
Maxim Chakilev
André De Camargo Guaraldo
Einar Eliassen
Jimmy Ettuk
Yoann Gourdin
Juliette Hennequin
Chad Hanson
Carlos Hernández Vélez
Richard Herrmann
Lingesh Kalingarayar
Valeriy Kalyarakhtyn
Norman Kisisipak
Anatoly Kochnev
Peter Koonoo
Maxim Kozlov
Magnus Løge
Tatiana Minenko
Sergei Naymushin
Yelizaveta Protas
Prakesh Ramakrishnan
Nikolai Reebin
David Reid
Israel Schneiberg
Oleg Slovesnyi
Oskar Strøm
Franck Sur
Evgeny Tabalykin
Stanislav Tayenom
Kieran Tonkin
Emily Vaughan Williams
Myloh Villaronga
Emilio White
Andrew Whitworth
Kim Ten Wolde
Mike Wright

追加制作
Kat Brown
Matt Carr
John Chambers
Samantha Davis
James Dubourdieu
Patrick Evans
Nicola Gunary
Rachel James
Rosie Lewis
Rachel Norman
Judi Obourne
Eleanor Perryman
Sarah Pimblett
Elly Salisbury
Gina Shepperd

ポストプロダクション
Matt Chippendale-Jones
Films at 59
Miles Hall
Gordon Leicester
George Panayiotou
Wounded Buffalo Sound Studios

音楽
Abbey Road Studios
Philharmonia Orchestra
Steven Price

フィルム編集者
Nigel Buck
Andy Chastney
Martin Elsbury
Matt Meech
Andy Netley
Dave Pearce

オンライン編集者
Franz Ketterer

ダビング編集者
Kate Hopkins
Tim Owens

ダビングミキサー
Graham Wild

カラリスト
Adam Inglis

グラフィックデザイン
BDH Creative

視覚効果
AXIS VFX

WWFチーム
Amy Anderson
Paige Ashton
Will Baldwin-Cantello
Mike Barrett
Jessica Battle
Karina Berg
Colin Butfield
Leanne Clare
Sarah Davie
Rod Downie
Louise Heaps
Brandon Laforest
Melanie Lancaster
Michelle Lindley
Gilly Llewellyn
Martin Sommerkorn
David Tanner
Dave Tickner
Sarah Wann
Yussuf Wato
Mark Wright
Julia Young

PICTURE CREDITS

COVER AND BACK COVER
NASA/BDH Creative/Silverback Films

1 NASA Apollo 8 Bill Anders/data visualization courtesy Ernie Wright NASA Scientific Visualization Studio; **2–3** NASA Apollo 8 Bill Anders; **6–7** Art Wolfe; **8–9** Hougaard Malan/naturepl.com; **10–11** Alex Hyde/naturepl.com; **12–13** Mark Carwardine.

Introduction
14 NASA; **17** Daniel Beltrá; **18** Emmanuel Rondeau/WWF-UK; **20–1** Oliver Scholey/Hector Skevington-Postles.

FROZEN WORLDS
22 Justin Hofman; **24–5** Daisy Gilardini; **27** Vincent Munier; **28–9** Paul Nicklen/National Geographic Creative; **30** MZPhoto.cz/Shutterstock; **32–3** Oliver Scholey; **34** NASA image courtesy MODIS Rapid Response Team -NASA GSFC; **36** Sophie Lanfear; **38–9** Hector Skevington-Postles & Jamie McPherson; **41** NASA/GSFC Scientific Visualization Studio; **42–3** Florian Ledoux; **45** Chris Linder; **46** Florian Ledoux; **48–9** Sergey Gorshkov; **51** Sophie Lanfear; **53** Paul Nicklen/National Geographic Creative; **54–5** Espen Lie Dahl; **56** Peter Leopold/UiT The Arctic University of Norway; **59** Amelia Brower/NOAA Fisheries Service (Marine Mammal Permit 14245); **61** Matthew Guy Cooper; **62–3** Oliver Scholey.

FRESH WATER
64 Design Pics Inc/National Geographic Creative; **66–7** Morgan Heim; **68** Design Pics Inc/Alamy; **70** Timothy Allen/Getty; **72** Paul Souders/worldfoto.com; **74–5** Dhritiman Mukherjee; **77** Mario Cea Sanchez; **79** Chris Brunskill; **80–1** Luciano Candisani; **82** George Steinmetz/Getty; **85** Angel M. Fitor; **86–7** Peter Elfes; **88–9** Mal Carnegie; **90** Peter Mather; **93** John Moran & David Moynahan; **94–5** Charlie Hamilton-James; **97** Alex Mustard/naturepl.com; **98–9** Réka Zsirmon; **100** Imre Potyó; **103** Ronald Messemaker/Minden Pictures/FLPA; **104–5** Joel Sartore/National Geographic Creative.

GRASSLANDS & DESERTS
106 Federico Veronesi; **108–9** AirPano; **111** Anup Shah/naturepl.com; **112–3** Federico Veronesi; **114** George Steinmetz/National Geographic Creative; **116–8** Peter Mather; **121** Marcio Cabral; **122–3** Luciano Candisani/Minden Pictures/FLPA; **124** Tim Flach/Endangered (New York: Abrams Books, 2017) courtesy Blackwell & Ruth; **126–7** Ingo Arndt; **129** Jim Brandenburg/Minden Pictures/FLPA; **130–1** Joe Riis; **132** Wim van den Heever/naturepl.com; **135** David Willis; **137** Jacques Descloitres/MODIS Rapid Response Team NASA/GSFC; **138** Luiz Claudio Marigo/naturepl.com; **140–1** Federico Veronesi; **142** Geoffrey Clifford/Getty; **144** Mishka Henner; **146–7** Federico Veronesi.

FORESTS
148 Frédéric Demeuse; **150–1** Jarmo Manninen; **152** Don Smith/Getty; **155** Scotland: The Big Picture/naturepl.com; **156–7** Frédéric Demeuse; **158** Michael Edwards/Alamy; **160–1** Orsolya Haarberg/naturepl.com; **162** Joe Riis; **164–5** Kieran O'Donovan/Silverback Films; **166** Konrad Wothe/Minden Pictures/FLPA; **168–9** Will Burrard-Lucas; **170** Federico Veronesi; **173** Bruno Cavignaux/Biosphoto/FLPA; **174** Laurent Geslin; **176–7** Sandesh Kandur/Silverback Films; **178** Dirk Synatzschke; **181** Axel Gomille; **183** Jeff Wilson; **184–5** Bruno D'Amicis; **186–7** Transworld Publishers – map information courtesy World Resources Institute & University of Maryland/Global Land Analysis and Discovery (GLAD) 2018.

JUNGLES
188 Piotr Naskrecki/Minden Pictures/FLPA; **190–1** Huw Cordey; **192** Nick Garbutt; **195** Chien C. Lee; **196–7** Klaus Nigge; **199** Will Burrard-Lucas; **200–1** Andrea K. Turkalo; **202** Ian Nichols; **205** Paul Stewart/Silverback Films; **207** Cyril Ruoso/naturepl.com; **208–9** Charlie Hamilton-James; **210** Christian Ziegler; **212–3** Huw Cordey; **214** Gerry Ellis/Minden Pictures/FLPA; **216–7** Tim Laman; **218t** Tim Laman & Ed Scholes/Silverback Films; **218b** Tim Laman; **221** NASA/METI/AIST/Japan Space Systems-US/Japan ASTER Science Team; **222** Ton Koene/Alamy; **225** David Coventry; **226** Ben Macdonald; **228–9** Frédéric Demeuse.

COASTAL SEAS
230 Alex Mustard; **232–3** Greg Lecoeur; **235** Alex Mustard; **236–7** Greg Lecoeur; **238** AirPano; **240–1** Juergen Freund/naturepl.com; **242** Roger Horrocks; **244–5** Gisle Sverdrup; **246** Grace Frank; **248–9** Santiago Cabral; **251** created by Daily Overview/source NASA; **252** Tim Laman; **255** Alex Mustard; **256–7** David Doubilet/National Geographic Creative; **258** Joe Platko; **261** Angel M. Fitor; **262–3** AirPano; **264–5** Transworld Publishers – map information courtesy UN Environment World Conservation Monitoring Centre 2018.

HIGH SEAS
266 Oliver Scholey/Hector Skevington-Postles; **268–9** Ralph Pace; **271** Dan Rasmussen; **272–3** Steven Benjamin; **275** Richard Herrmann; **276–7** Gisle Sverdrup; **279** NOAA/Lophelia II 2009 Expedition; **281** Hugh Miller/Silverback Films; **282–3** Hugh Pearson; **285** MARUM – Center for Marine Environmental Sciences, University of Bremen; **286–7** Santiago Cabral; **289** Alexander Semenov; **290** Andrea Casini; **292–3** Doug Perrine/naturepl.com; **294** Oliver Scholey; **296–7** Frans Lanting; **298** NOAA/Alamy; **300–1** Tony Wu.

Epilogue
302 NASA Earth Observatory images Joshua Stevens/Suomi NPP VIIRS data from Miguel Román NASA's Goddard Space Flight Center; **305** Tim Laman; **306** Christian Ziegler; **309** NASA photograph John Sonntag; **310–1** Florian Ledoux.

Permits: 20 and 266 (Scientific Research Permit 01823-17, Semarnat, Mexico); 59 (Marine Mammal Permit 14245).

SPECIAL THANKS TO
Centre D'Études Nordiques (CEN)
Manuel Duarte
Ecuagenera, Ecuador
Ernest Eblate
Emanuel Goulart
Paul Guarducci
Alun Hubbard
Bazili Kessy
Ben Lambert
Emmanuel Masenga
Mike Oblinski
Salto Morato Nature Reserve, Brazil
Natacha Sobanski
Swimming with Whales (Government of the Azores permit #02-ORAC-2017)
Ann Thiffault
Jared Towers
Don Wilson

FROZEN WORLDS
Arctic Bay Adventures
Arctic Bay Hunters and Trappers Organization
Basecamp Explorers
Bird Island Research Station researchers, 2016
British Antarctic Survey
Terry Edwards
Greenpeace MV *Arctic Sunrise* crew
Jean-Michel Moreau-Dumont
Polar Continental Shelf Program, Resolute Bay
Dion Poncet
Resolute Bay Hunters and Trappers Association
Jason Roberts
Ryrkaypiy community, Russia
Government of South Georgia and the South Sandwich Islands
Enurmino community, Russia
Nansen Weber

FRESH WATER
BioAqua Pro Kft.
Parque Nacional Natural Caño Cristales
CORMACARENA, Colombia
Crane Trust, Nebraska
Angel Fitor
Florida State Parks: Rainbow Springs & Ichetucknee Springs
Howard T. Odum Florida Springs Institute
Film location courtesy of Audubon's Iain Nicolson Audubon Center at Rowe Sanctuary
Ministry of Information, Youth, Culture & Sport, Tanzania
Nahuel Huapi National Park, Argentina
NSW Government, Office of Environment & Heritage
Platte River Recovery Implementation Program
Tanzania National Parks
Tiwi Land Council and Landowners
Vatnajökull National Park, Iceland
Wes Skiles Peacock Springs State Park, Florida

FROM DESERTS TO GRASSLANDS
His Highness Shaikh Abdullah bin Hamad bin Isa Al Khalifa, personal representative of His Majsty the King, President of the Supreme Council for Environment, Kingdom of Bahrain
Dave Black
Paul Brehem
Femke Broekhuis, Project Director, Mara Cheetah Project
Hustai National Park, Mongolia
Vladimir Kalmykov, Director, Stepnoi Reserve, Russia
Digpal Karmawas
Mohan Kumar
Samuel Munene
Andrew Spalton
Nikolai Stepkin
Andras Tartally
Jeremy Thomas
David and Judy Willis

FORESTS
African Wildlife Conservation Fund
Beyond Asia
BC Wildfire Service
Sergei Gaschak
High Commission of India, London
McDonald Forest
Ministry of External Affairs, New Delhi
Nehimba Lodge, Hwange National Park, Imvelo Lodges
Oregon State University
Save Conservancy
Sikhote-Alin Biosphere Park
State Specialised Entreprise 'Ecocentre'
WCS Russia

JUNGLES
Crees Foundation, Peru
Veno Enar
Milou Groenenberg
Andrew Hearn, Wildcru
Ministère de l'Economie Forestière, Congo
Mulu National Park, Malaysia
National Film Institute, Papua New Guinea
Philippine Eagle Foundation
Shita Prativi
Jenni Serrano
Sumatran Orangutan Conservation Programme, SOCP
Tawau Hills Park, Malaysia
Wildlife Conservation Society, WCS

COASTAL SEAS
The Aqua Tiki II crew
The A'boya crew
Eric Coonradt
Ernie Eggleston
Laura Engleby
Great Barrier Reef Marine Park Authority
Garl Harrold
Misool Eco Resort
Fernando Olivares Chiang
Punta San Juan Program, Peru
Philip J. Sammet
Jan Straley
The Truth crew
Carlos Zavalaga

HIGH SEAS
Alucia Productions
Steve Benjamin
Jean-Christophe Cane
Dan Fitzgerald
Diane Gendron, CICIMAR/IPN, Mexico
Nico Ghersinich
Richard Herrmann
Jennifer Hile
Charles Hood
Danny Howard
Tina Kutti
Haseeb Randhawa
Dr Sandra Brooke
FS *Sonne* crew and scientists, cruise SO258

OUR PLANET——私たちの地球

2019年4月25日　初版第1刷発行

著　者　アラステア・フォザギル、キース・スコーリー
訳　者　北川玲
発行者　喜入冬子
発行所　株式会社　筑摩書房
　　　　東京都台東区蔵前2-5-3　郵便番号111-8755
　　　　電話番号　03-5687-2601(代表)
装幀者　神田昇和
印刷・製本　トッパンリーフォン印刷会社

ISBN978-4-480-86089-7　C0040

OUR PLANET
by
Keith Scholey and Alastair Fothergill

This book is published to accompany the television series entitled *Our Planet* first broadcast on Netflix in 2019.

First published as *Our Planet* by Transworld Publishers, a part of the Penguin Random House group of companies.

Japanese translation rights arranged with Transworld Publishers, a division of The Random House Group Limited, London through Tuttle-Mori Agency, Inc., Tokyo.

Colour reproduction: AltaImage, London
Printed and bound in China by Toppan Leefung Ltd

This book is made from Forest Stewardship Council® certified paper.

ourplanet.com